No fungi no future

Jan I. Lelley

No fungi no future

Wie Pilze die Welt retten können

 Springer

Jan I. Lelley
Institut für Pilzforschung
GAMU GmbH
Krefeld, Nordrhein-Westfalen
Deutschland

ISBN 978-3-662-56506-3   ISBN 978-3-662-56507-0   (eBook)
https://doi.org/10.1007/978-3-662-56507-0

Die Deutsche Nationalbibliothek verzeichnet diese Publikation in der Deutschen Nationalbibliografie; detaillierte bibliografische Daten sind im Internet über http://dnb.d-nb.de abrufbar.

Verantwortlich im Verlag: Sarah Koch
Einbandabbildung: © remus20/stock.adobe.com

Gedruckt auf säurefreiem und chlorfrei gebleichtem Papier

Springer ist Teil von Springer Nature
Die eingetragene Gesellschaft ist Springer-Verlag GmbH Deutschland
Die Anschrift der Gesellschaft ist: Heidelberger Platz 3, 14197 Berlin, Germany

Gewidmet
dem Andenken meines Vaters
Dr. János Lelley DSc
(1909–2003)

Er hat mich vor mehr als 40 Jahren
motiviert, der Wissenschaft der Schadpilze
den Rücken zu kehren und
mich den Nutzpilzen zuzuwenden.

Vorwort

Als ich vor mehr als 45 Jahren in einem leeren Gewächshaus bei Köln, zusammen mit meinen Partnern, die erste intensive Austernpilzzucht in Deutschland gegründet habe, nahmen wir ein erhebliches Risiko auf uns. Erst als an einem Oktobertag mehrere Filialleiter der dort seinerzeit führenden Supermarktkette Stüssgen unsere Zuchtanlage besichtigten und sich bereit erklärten, die neuartigen Austernpilze in ihrem Sortiment zu listen, atmeten wir auf. Aber unsere Freude war nur von kurzer Dauer. Sie wich bald der Enttäuschung. Denn der Verkaufserfolg war sehr bescheiden. Es war genau das eingetreten, wovor wir uns gefürchtet hatten. Die Kunden wandten sich misstrauisch von unseren Austernpilzen ab. Nach dem Motto: Pilze, die wir im Laden kaufen können, sollten klein, weiß und rund sein, sprich: Champignons. Unsere Austernpilze dagegen waren groß, flach und dunkelbraun. Sie könnten giftig sein, meinte man.

In der Tat, die Deutschen, vornehmlich in den Städten, waren damals mykophob. Sie standen Pilzen sehr skeptisch gegenüber. Assoziierte man mit Pilzen doch eher Negatives wie etwa Mehltau auf Rosen, Schimmel, Fußpilz und natürlich die berüchtigten Giftpilze. Das Misstrauen gegenüber nahezu allen Pilzen, die anders als Champignons aussahen, war weit verbreitet. Lediglich der Pfifferling bildete hier eine Ausnahme.

Doch diese Sicht hat sich inzwischen gründlich gewandelt. Das ganzjährige Frischpilzangebot in gutsortierten Lebensmittelgeschäften umfasst regelmäßig neben Champignons drei bis vier weitere kultivierte Arten, und vom Frühjahr bis Spätherbst kommen natürlich noch die Pfifferlinge dazu. Die unermüdliche Aufklärung durch sehens- und lesenswerte Informationen über die Vorzüge der Pilznahrung in den Medien und auf Internetseiten der Produzentenorganisationen kommt bei den Verbrauchern gut an. Auch die Heilwirkung von einigen Pilzen ist inzwischen vielen Menschen bekannt, und diese Wirkung wird auch vielfach gezielt genutzt. Die Stellung der Pilze im Bewusstsein der Konsumenten hat sich generell erheblich verbessert. Man traut Pilzen heute eine Menge Vorteile zu, hat doch die wissenschaftliche Forschung mittlerweile ihre positive Wirkung auf verschiedenen Gebieten nachgewiesen.

So war es auch nicht verwunderlich, dass der renommierte Fachverlag Springer meinen Vorschlag zu diesem Buch akzeptierte und mir die Möglichkeit gab, die Vorzüge der Pilze in einer noch größeren Bandbreite vorzustellen, als sie schon allgemein bekannt sind.

Ich beschränke mich in meinen Ausführungen ausschließlich auf die Großpilze, die eine verhältnismäßig kleine Gruppe im Riesenreich der Fungi bilden. Und selbst bei diesen kommt es bei mir nur auf einen bescheidenen Teil an: die Kulturpilze.

Für die vielen Felder, auf denen Großpilze von Nutzen sind oder künftig von Nutzen werden können, besteht immer die Voraussetzung, dass sie angebaut, kultiviert werden und somit jahreszeitlich unabhängig in den benötigten Mengen zur Verfügung stehen. Von diesen bereits bestehenden und von den künftigen Möglichkeiten, die uns die Großpilze für ein besseres Leben und Überleben auf unserer Erde bieten, handelt mein Buch. Für sein Angebot, es zu publizieren, möchte ich dem Verlag danken. Mein besonderer Dank gilt Frau Dr. Sarah Koch. Sie verantwortet im Verlag die Programmplanung der Biowissenschaften, ließ sich von meiner Idee begeistern und setzte die Realisierung des Buchprojektes in den zuständigen Gremien durch.

Frau Bettina Saglio ist Projektmanagerin im Hause Springer Spektrum. Sie war meine Ansprechpartnerin während des Entstehungsprozesses meines Buchs. Ihr danke ich herzlich für eine sehr konstruktive und reibungslose Zusammenarbeit.

Von ganz besonderer Bedeutung war für mich die Zusammenarbeit mit Herrn Dr. Ruven Karr. Als professioneller Korrektor hat er den gesamten Text in eine Form gebracht, die das Lesen vergnüglich macht. Er hat mein mit zahlreichen wissenschaftlichen Fakten gespicktes Manuskript zu einer leicht verständlichen Lektüre verwandelt.

Nun hoffe ich, meine verehrten Leserinnen und Leser, dass Sie Spaß an der Lektüre haben werden und dass Ihre Wertschätzung gegenüber Pilzen danach (noch weiter) steigt.

Köln, im Winter 2018   Jan I. Lelley

Inhaltsverzeichnis

1

Einführung

1.1 Ursprünge der Pilze

Pilze sind uralte Organismen. Sie tragen die Urkraft
der Schöpfung in sich. Es gibt sie womöglich seit 900
bis 1200 Mio. Jahren, sagt der englische Wissenschaftler Nicholas Butterfield, Professor für Paläobiologie an
der Universität in Cambridge. Butterfield erforscht die
frühe Diversifikation des eukaryotischen Lebens und
fand in Schieferplatten in Kanada Mikrofossilien, die
modernen Pilzen ähneln und aus der Zeit von vor etwa
850 Mio. Jahren stammen.

Robert Lücking vom Department of Botany des The
Field Museums in Chicago und Kollegen haben die sogenannte molekulare Uhr für die Altersbestimmung der
ersten Pilzfunde verwendet und kamen dabei zu sehr

© Springer-Verlag GmbH Deutschland 2018
J. I. Lelley, *No fungi no future,*
https://doi.org/10.1007/978-3-662-56507-0_1

unterschiedlichen Ergebnissen. Pilze entstanden vor etwa 660 Mio. bis 2,15 Mrd. Jahren, und der Ursprung der beiden wichtigsten Abteilungen der höheren Pilze – der Ascomycota (Schlauchpilze) und der Basidiomycota (Basidien- oder Ständerpilze) – wird auf die Zeit vor 390 Mio. bis 1,5 Mrd. Jahren geschätzt.

Pilzfunde, die bis zu 1,5 Mrd. Jahre alt sein sollen, gibt es auch in China und Australien; sie sind in der Fachwelt allerdings noch umstritten, denn nicht alle Wissenschaftler sind der Ansicht, dass es sich bei diesen Funden um Pilze handelt. Wenn sich jedoch Butterfields und Lückings Untersuchungsergebnisse noch durch weitere Funde erhärten lassen, dann wäre es endgültig bewiesen, dass Pilze nicht einfach uralte Organismen sind, sondern dass sie zu den frühesten Bewohnern unseres Planeten zählen.

Vor rund 450 Mio. Jahren, im Devon, gingen Pilze schließlich eine Symbiose mit Pflanzen ein, die im Ur-Ozean lebten. Sie übernahmen mit ihren feinen Fäden (Hyphen) die Funktion eines Wurzelwerks und ermöglichten dadurch den Wasserpflanzen, mit ihren rudimentären Wurzeln auf dem Lande Fuß zu fassen. Diese Symbiose zwischen Pilzen und Pflanzen besteht in vielfältiger Weise auch heute noch. Auch gegenwärtig sorgen Pilze bei etwa 85 % aller Landpflanzen für eine optimale Nährstoff- und Wasserzufuhr. Es ist eine Partnerschaft, der ihre lange Dauer keinen Abbruch getan hat.

Pilze sind jedenfalls sehr, sehr alte Organismen. Wie dem Jahresbericht 2004/2005 des Museums für Naturkunde der Berliner Humboldt-Universität zu entnehmen ist, fand man sogar in Bernstein eingeschlossene Pilze. Der älteste Fund eines archaischen Pilzes, dem Wissenschaftler den Namen *Palaeodikaryomyces baueri* gegeben haben, stammt aus einem ca. 100 Mio. Jahre alten Bernstein aus der Kreidezeit. *Aspergillus collembolorum,* ein Pilz, der auf einem Insekt in einem ca. 40 Mio. Jahre alten baltischen Bernstein gefunden wurde, ist dagegen verhältnismäßig jung.

Von Bäckerhefen, Bierhefen, Weinhefen bis zum Champignon und Pfifferling, von Schimmelpilzen und Rostpilzen, vom Mehltau an Rosen bis zum köstlichen Trüffel, von den lästigen Darm und Hautpilzen bis zum Riesenhallimasch – Pilze bilden heute, nach den Insekten, das zweitgrößte Reich von Lebewesen auf der Erde.

Die Zahl der weltweit bekannten und vermuteten Pilzarten wird allgemein auf 1,5 Mio. geschätzt. Die renommierte amerikanische Mykologin, Professor Meredith Blackwell von der Louisiana State University, vermutet sogar, dass es bis zu 5 Mio. Pilzarten gibt. Etwas ernüchternd ist jedoch die Tatsache, dass bisher nur etwa 120.000 Arten bekannt und beschrieben sind, wobei deren Anzahl, insbesondere seit der Nutzung moderner molekularbiologischer Methoden zur Identifizierung, rasant steigt.

1.2 Pilze – weder Pflanzen noch Tiere

Manche von Ihnen werden jetzt vielleicht fragen: Was sind eigentlich Pilze? Die Antwort lautet: Pilze sind Pilze. Sie sind weder Pflanzen noch Tiere. Pilze bilden ein eigenes, von Pflanzen und Tieren unabhängiges Reich von Lebewesen. Sie können nicht in die Pflanzenwelt eingemeindet

werden, wie man es noch vor wenigen Jahrzehnten zu tun
pflegte.

Die Diskussion in Fachkreisen über die Stellung der
Pilze, mit anderen Worten, ob sie der Pflanzen- oder der
Tierwelt zugeordnet werden sollten, verstummte erst vor
etwa 40 Jahren. Bis dahin haben Generationen von Bota-
nikern Pilze als Pflanzen klassifiziert. Dabei zeigten vergleichende molekularbiologische Untersuchungen sogar
eine engere Verwandtschaft zwischen Pilzen und Tieren
als zwischen Pilzen und Pflanzen. Wie David Moore,
Professor für Mykologie an der Universität Manchester,
berichtet, scheint es sich aufgrund einschlägiger Untersuchungen so zu verhalten, dass sich die Pflanzenwelt während der Evolution der archaischen Organismen bereits
früher abgespalten hat. Die Linie von Tieren und Pilzen
verlief dagegen noch weitere ca. 200 Mio. Jahre parallel.
Mittlerweile ist es aber nahezu unumstritten, dass Pilze
eine selbstständige, wenn auch nicht einheitliche Gruppe
unter den sogenannten Eukaryoten bilden. Eukaryoten
sind Lebewesen, deren Zellen Zellkern und Zellmembran
enthalten, wie Einzeller, Pflanzen und Tiere, einschließlich
dem Menschen.

Als eines der wichtigsten Argumente für diese Zuord-
nung gilt die Tatsache, dass Pilze, im Gegensatz zu Pflanzen, kein Blattgrün (Chlorophyll) besitzen. Sie sind
deshalb nicht in der Lage, Zuckermoleküle mithilfe der
Fotosynthese aus anorganischen Verbindungen zu bilden. Vielmehr sind sie wie Tiere auf organische Nahrung
angewiesen. Pilze sind chemotrophe Organismen; Energie für ihren Stoffwechsel gewinnen sie durch Chemotro-
phie, mit anderen Worten: durch chemische Reaktionen

der Nährstoffe, die sie resorbieren. Dies steht dem tierischen Stoffwechsel nahe. Hinzu kommt, dass Pilze spezielle Exoenzyme bilden, die durch die Zellwand in die Umgebung gelangen und die Nährstoffaufbereitung bzw. -verflüssigung außerhalb der Pilzzellen erledigen. Von den Pilzzellen wird danach die vorverdaute, verflüssigte Nahrung resorbiert. Während Pflanzen aus dem atmosphärischen Kohlendioxid und aus Bodenmineralien mithilfe der Sonnenenergie organisches Material produzieren (sie sind sogenannte Produzenten), zersetzen Pilze mithilfe ihrer Enzyme nach dem Tod selbst den eigenen Körper in einfache chemische Verbindungen. Dieser Prozess führt letztlich erneut zur Bildung von Bodenmineralien. Somit befinden sich die Pilze im Kreislauf der Materie den Pflanzen genau gegenüber und werden deshalb auch als Reduzenten bezeichnet. Diese reduzierende, zersetzende Tätigkeit macht Pilze zu den wichtigsten Entsorgern der Natur.

Ein weiteres wichtiges Argument ist, dass die Zellwand der Pflanzen primär aus Cellulose und Lignin besteht, während die der meisten Pilze neben Hemicellulose auch Chitin enthält, das den Hauptbestandteil der Körperhülle von Krebsen, Spinnen und Insekten bildet.

Schließlich sollte noch eine genetische Eigenart der Pilze erwähnt werden: In den Zellkernen ihres Geflechts ist meistens nur die halbe Chromosomenzahl vorhanden. Sie sind also haploid. Die komplette Chromosomenzahl weisen sie nur in der kurzen sexuellen Phase, nämlich bei der Fruchtbildung auf.

Von den bekannten Pilzarten sind ca. 10 % sogenannte Großpilze (Makromyceten). Für Großpilze gibt es eine in

Fachkreisen allgemein anerkannte Definition, die von dem namhaften Pilzwissenschaftler, Shu-ting Chang, einem ehemaligen Professor an der Chinese University of Hong Kong, formuliert wurde. Als groß gelten, unabhängig von ihrer taxonomischen Stellung, solche Pilze, die einen typischen, eindeutig differenzierten Fruchtkörper besitzen, der so groß ist, dass man ihn mit bloßem Auge sehen und mit der Hand pflücken kann.

Die allermeisten Pilze sind dagegen mikroskopisch klein, und dennoch ist deren Einfluss auf uns Menschen unübersehbar vielfältig. Ob in der Lebensmittelverarbeitung, der Gärungsindustrie oder der Medikamentenherstellung – überall kommen mikroskopische Pilze zum Einsatz. Aber mikroskopische Pilze fügen den Menschen seit Urzeiten auch sehr viel Leid zu. Zahlreiche von ihnen parasitieren direkt den Menschen. Neben solchen, die Hauterkrankungen verursachen, gibt es andere, die todbringende Erkrankungen der inneren Organe auslösen. Zahlreiche mikroskopische Pilze befallen unsere Nahrungspflanzen und töten sie ab. Manche von ihnen haben in der Menschheitsgeschichte tiefe Spuren hinterlassen.

Die Kribbelkrankheit, auch Sankt-Antonius-Feuer genannt, die durch den Verzehr von mit dem Mutterkornpilz *(Clavices purpurea, Secale cornutum)* verseuchtem Mehl verursacht wird, raffte in den vergangenen Jahrhunderten Abertausende Menschen dahin. Dieser Pilz befällt verschiedene Getreidearten und Gräser, insbesondere aber den Roggen. In den Ähren der Roggenpflanzen bildet er seine Dauerform, die sogenannten Sklerotien aus. Diese enthalten hochtoxische Alkaloide, die Mensch und Tier schwere Schäden zufügen können. Bevor es moderne

Mahl- und Siebtechniken gab, konnten Sklerotien nach der Ernte vom Korn nur unvollständig getrennt werden. Sie gelangten ins Backmehl und lösten epidemische Krankheitswellen aus. Die erschreckenden Symptome des Sankt-Antonius-Feuers sind auf der Flügeltafel des Isenheimer Altars von Matthias Grünewald in Colmar treffend dargestellt (Abb. 1.1). Und solche Epidemien traten im Mittelalter in Deutschland durchschnittlich alle vier bis fünf Jahre auf. In Frankenreich forderte die Krankheit im Jahr 994 über 40.000 Todesopfer, im Jahr 1129 über 14.000. Das Mutterkorn spielt sogar eine wichtige Rolle in der russischen Geschichte: Es raffte im Jahre 1722 über 20.000 Soldaten des Heeres von Peter dem Großen dahin, als dieser sich gerade anschickte – die günstige politische Situation ausnutzend – die Meerenge von Bosporus und Dardanellen dem osmanischen Reich zu entreißen. Nach der katastrophalen Vergiftung der Soldaten war an den Feldzug nicht mehr zu denken. Die letzte massenhafte Erkrankung durch mit Mutterkorn verseuchtes Roggenmehl trat 1951 in Frankreich auf.

Aber Mutterkorn gibt es auch heute noch; sogar vermehrt noch seit der Ausbreitung der biologischen Landwirtschaft und der Verringerung von Pflanzenschutzmitteln auf den Äckern. Bei der Besichtigung einer westfälischen Großmühle vor einigen Jahren fragte ich den Betriebsleiter, ob ihm das Problem bekannt sei. Daraufhin zeigte er mir einen großen Eimer, der gut zur Hälfte mit Mutterkorn-Sklerotien gefüllt war. Es war die Tagesausbeute, die dank moderner Siebtechnik ausgesiebt wurde und nicht ins Mehl gelangte.

Abb. 1.1 Symptome des Sankt-Antonius-Feuers. Flügeltafel des Isenheimer Altars von Matthias Grünewald, Teilausschnitt

Auf meine Frage, wie es denn sei, wenn man Vollkornbrot verzehrt, das ganze Getreidekörner enthält, zuckte er mit den Schultern und meinte: Ein Restrisiko, dass auch eine kleine Menge Sklerotium oder Teile davon in das Brot gelangen, könne man leider nicht ausschließen.

Es darf jedoch nicht unerwähnt bleiben, dass das Mutterkorn in der Volksheilkunde zugleich als Medizin verwendet wurde, hat man doch beobachtet, dass geringe Mengen des Mutterkorns eine krampflösende Wirkung haben und die Geburtswehen erheblich erleichtern.

Die Plagen, die mikroskopische Pilze der Menschheit brachten, wären nur unvollständig dargestellt, ohne zu erwähnen, dass Pilze weltweit auch heute noch einen erheblichen Teil der Welternte sowie der gelagerten Nahrungsmittel vernichten. Man spricht von 15 bis 20 %. Auf diese Weise gelang es ihnen sogar, die Lebensgewohnheiten eines ganzen Volkes zu verändern – nämlich der Engländer, die von Kaffee- zu Teetrinkern wurden.

Den Kaffee bezog England aus seiner Kolonie, der grünen Insel Ceylon, dem heutigen Sri Lanka. Dort gediehen diese Plantagen lange Zeit prächtig, bis im Jahre 1875 ein Pilz, der Kaffeerost *(Hemileia vastatrixs),* die Pflanzen befiel und sie in wenigen Jahren zerstörte. Die Folge der Kaffeerostepidemie stürzte Ceylon in wirtschaftliches Elend. Als einziger Ausweg zeichnete sich die Anlage von Teeplantagen ab, denn Teepflanzen werden von diesem Pilz nicht befallen. Große Probleme bereitete jedoch der Absatz der Tee-Ernte. Schließlich entschloss sich das Mutterland dazu, zu helfen und nahm der Inselkolonie die gesamte Teeproduktion ab. In London entstanden Teestuben, am Hofe und in der High Society galt das Teetrinken als patriotischer Akt. Heute wird in England überwiegend Tee getrunken, und man behauptet, die britischen Köche hätten die Fähigkeit, eine anständige Tasse Kaffee zu kochen, vollends verloren. All dies ist einem Pilz, dem Kaffeerost, zuzuschreiben.

Es gibt noch zahlreiche weitere Beispiele für den Einfluss mikroskopischer Pilze auf Tiere, Menschen und das gesamte Ökosystem, auch solche von kulturhistorischer Bedeutung. Aber ich werde mich nunmehr dem eigentlichen Thema dieses Buches zuwenden, mit dem Ziel, Ihnen, sehr verehrte Leserinnen und Leser, den unentbehrlichen Nutzen der Großpilze für uns Menschen aufzuzeigen.

1.3   Großpilze – wie sie aufgebaut sind und wie sie funktionieren

Die Gruppe der Großpilze macht – wie bereits erwähnt – etwa 10 % aller bekannten Pilzarten aus. Sie sind in zwei der insgesamt fünf Abteilungen von Pilzen vertreten: den Ascomycota und den Basidiomycota.

Selbst das gegenwärtig größte Lebewesen auf der Erde ist ein Pilz – ein wahrhaftiger Großpilz. Im Jahre 2004 entdeckten Wissenschaftler in der Schweiz, im Nationalpark Unterengadin, einen Hallimasch, dessen unterirdisches Geflecht ein Areal von rund 35 ha besiedelt. Das Alter dieses Pilzes wird auf über 1000 Jahre geschätzt. Ein noch größeres Exemplar lebt in den Wäldern von Oregon, in den USA, und umfasst eine Fläche von 120 ha. Anhand wissenschaftlicher Untersuchungen wird das Gewicht dieses Riesenpilzes auf 600 t geschätzt, sein Alter auf 2400 Jahre. Wie Sie sehen, verehrte Leser, verdienen Pilze unsere Hochachtung. Allein schon durch ihr Alter und ihre Größe.

Wenn man jedoch in Laienkreisen über Pilze spricht, meint man im Allgemeinen nur den **Fruchtkörper,** der bei der klassischen Form aus Hut und Stiel besteht. Der Fruchtkörper kann aber, je nach Pilzart, ganz unterschiedliche Formen haben. Auch die Größe betreffend gibt es große Unterschiede. Die Fruchtkörper des Judasohrs *(Auricularia auricula-judae)* beispielsweise, die wie kleine umgedrehte Schüsseln aussehen, wiegen nur wenige Gramm. Der Fruchtkörper eines Riesenbovists *(Langermannia gigantea)* dagegen, der wie ein großer weißer Lederball aussieht, kann bis zu 5 bis 6 kg schwer werden. Jedenfalls sind dies nur die Fruchtkörper der Pilze, die im Wald oder auf Wiese und Weide herumstehen, und die klassische Form des Fruchtkörpers, mit Hut und Stiel, ist jene Gestalt, die auch schon der Urmensch beobachtet hat und die als das sagenumwobene „Männlein im Walde" in manchen Volksmärchen und -liedern verewigt wurde. Sein Wachstum hat man mit dem Wirken von Wachstumsgottheiten in Zusammenhang gebracht oder Hexen, Elfen, und selbst dem Teufel, in die Schuhe geschoben.

Ganz so einfach ist es aber nicht mit diesen Gewächsen, da Großpilze aus drei wichtigen Teilen bestehen, von denen der Fruchtkörper nur einer ist. Die anderen beiden Teile sind das Pilzgeflecht und die einzelnen Pilzfäden. Geflecht und Fäden sind allerdings in der Natur seltener zu beobachten, da sie in der Nährgrundlage des Pilzes (Holz, Erde, Kompost etc.) verborgen sind.

Der oberirdische Teil der Pilze besteht außer dem Hut auch noch aus dem Stiel, und beide zusammen bilden den Fruchtkörper. Um nicht den Zorn von Pilzexperten über eine derartige Vereinfachung der Materie heraufzubeschwören, sei hier noch erwähnt, dass es auch Pilze gibt, die keinen Hut besitzen, und wiederum andere, die keinen Stiel oder weder Hut noch Stiel aufweisen. Manche fristen sogar ihr gesamtes Dasein unterirdisch. Zu dieser Gruppe gehört auch die Königin der Pilze, der Traum aller Gourmets: die Trüffel.

Welche Funktion hat der Fruchtkörper des Pilzes? An der Unterseite des Hutes befinden sich dünne Lamellen oder Röhren (ähnlich den Bienenwaben), die Träger der Sporen, der Fortpflanzungsorgane der Pilze, sind. Die Sporen, die man hinsichtlich ihrer Funktion mit den Samen von Pflanzen vergleichen kann, sind so klein, dass sie nur unter dem Mikroskop, bei 200- bis 400-facher Vergrößerung, sichtbar sind. Entsprechend ihrer Größe sind sie auch sehr leicht und können von der geringsten Luftbewegung weit davongetragen werden.

Die Sporen lösen sich nach der Reife von den Lamellen oder Röhren und gelangen unter Umständen auf einen ihnen zusagenden Nährboden, wo sie, falls es warm und feucht ist, auskeimen und schließlich eine neue Pilzkolonie bilden. Um die Fortpflanzung der Pilze auch unter widrigen Bedingungen sicherzustellen, werden Sporen in unvorstellbar großen Mengen produziert. In einem Fruchtkörper des Wiesenchampignons *(Agaricus campester)* von ca. acht Zentimetern Durchmesser beispielsweise entstehen durchschnittlich mehr als 40 Mio. Sporen. Wäre unsere klassische Getreidepflanze, der Weizen, so fruchtbar, würde sich der Kornertrag in einer einzigen Ähre auf fast 150 kg belaufen. Dafür müssten Ähren von etwa 3,5 km Länge wachsen!

Im Fruchtkörper eines Riesenbovists, jenem weißen, runden Pilz, werden 5 bis 6 Billionen Sporen gebildet. Würde man sie aneinanderreihen, würden sie trotz ihrer Größe von nur einigen tausendstel Millimetern eine Strecke von über 30.000 km bilden.

Auch die Rolle des Stiels ist hauptsächlich im Zusammenhang mit der Fortpflanzung der Pilze zu sehen. Der Stiel hält den Hut hoch und ermöglicht dadurch, dass der Wind darunter bläst und die herabfallenden Sporen davontragen kann. Daher kommt es auch, dass die Pilzfruchtkörper zuerst in die Höhe schießen und die Hüte sich erst anschließend öffnen, um die Sporen freizugeben. Junge Fruchtkörper sind niedrig, ihr Hut ist geschlossen, glockenförmig, später jedoch ausgebreitet, wodurch der ungehinderte Fall der Sporen sichergestellt wird (Abb. 1.2).

Unterhalb des Pilzfruchtkörpers, in der oberen Schicht der Nährgrundlage, befindet sich das Geflecht, das in Fachkreisen **Myzel** genannt wird. Das Myzel ist eine mehr oder weniger üppige Vernetzung dünner Fäden, die mit etwas Fantasie mit dichten Spinnweben verglichen werden können. Es gibt verschiedene Myzelarten, welche sich sowohl im Aufbau als auch in der Funktion unterscheiden. Die Hauptaufgabe des Myzels ist die Speicherung der Nährstoffe, die später für die Entwicklung des Fruchtkörpers benötigt werden. Das Myzel ist zugleich das Organ,

Myzel | Der Fruchtkörper wächst zunächst in die Höhe und der Hut beginnt sich zu öffnen | Der Hut wird flach, bald auch trichterförmig und der Sporenabwurf ist in vollem Gange | Nach dem Sporenabwurf verwest der Fruchtkörper unaufhaltsam

Abb. 1.2   Entstehung und Funktion eines Pilzfruchtkörpers

aus dem die Fruchtkörper hervorgehen – und somit der eigentliche Pilzkörper. Man kann das Myzel in der oberen Schicht der Nährgrundlage gelegentlich mit bloßem Auge sehen; es sieht ein wenig aus wie Schimmelbelag. Aus dem Myzel wachsen einzelne Pilzfäden in den Nährboden und durchwuchern ihn. Diese Fäden nennt man in der Fachsprache **Hyphe**. Die Hyphen sind so dünn, dass man sie mit bloßem Auge nicht sehen kann. Ihre Aufgabe ist die Wasser- und Nährstoffaufnahme und der Nährstofftransport zum Myzel. Sie werden deshalb, ihre Funktion betreffend, oft in Analogie zu den Feinwurzeln der Pflanzen gesehen. Überhaupt können Hutpilze mit etwas Fantasie mit Bäumen verglichen werden. Dabei entspricht der Fruchtkörper den Blüten und Früchten, das Myzel dem Stamm und die Hyphen dem Wurzelwerk des Baumes (Abb. 1.3).

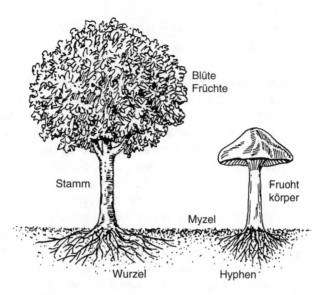

Abb. 1.3   Mit etwas Fantasie können Hutpilze mit Bäumen verglichen werden

1.4   Ein erstes Erfolgserlebnis mit Pilzen

Seit Menschengedenken beschäftigt sich unsere Fantasie mit Pilzen. Man nimmt an, dass sie seit gut 30.000 Jahren auch als Nahrung verwendet werden; damit sind sie mindestens so alt wie die ältesten menschlichen Siedlungen, in denen man Spuren von Pilzen fand.

Der Moment des Kennenlernens ist jedoch unbekannt. Stellen wir uns aber den Steinzeitmenschen Orial vor, der in seinem transdanubischen Siedlungsgebiet eines Tages seine Angst überwand und zum ersten Mal Pilze pflückte. Lesen Sie seine Geschichte:

Mit unbewegter Miene hockte Orial vor seiner Pfahlhütte und betrachtete den Horizont. Sein Gesicht war eingefallen und seine breiten Backenknochen traten noch stärker als gewohnt hervor. Seine dunklen Augen wanderten unruhig hin und her, doch vergeblich suchten sie nach einer Wolke am klaren, blauen Herbsthimmel, aus der sich endlich ein erlösender Regen auf die umliegende ausgedörrte Landschaft ergießen könnte. Nicht das kleinste Wölkchen trübte den Himmel, die Sonne schien in voller Wucht erbarmungslos schon seit Wochen und saugte die letzten Tropfen aus der dahinsterbenden Natur. Auch die Nächte brachten kaum Linderung. Selbst der Tau, der in anderen Jahren nach sonnigen Herbsttagen für nächtliche Erfrischung sorgte, blieb seit Langem aus.

Orial musste an sein Weib Resta und die Kinder denken, die nach Sonnenaufgang aufgebrochen waren, um in den umliegenden Wäldern nach etwas Essbarem zu suchen. Sie kehrten kurz vor der Mittagsonne mit leeren Händen zurück. Wailer, der Jüngste, konnte vor Schwäche kaum noch gehen. Resta trug ihn auf dem Rücken, obwohl ihr dies, die doch sonst daran gewöhnt war, Last zu tragen, sichtlich schwerfiel.

Auch den anderen in der Sippe erging es nicht besser. Alle litten unter der katastrophalen Trockenheit, die seit dem Frühjahr in Transdanubien die Flüsse und Moraste austrocknen, Wälder und Wiesen verdorren und das Wild verenden ließ. Seit Generationen war eine solche Katastrophe nicht mehr über die Sippe hereingebrochen. Aus den Erzählungen des Stammesältesten wussten sie, dass in früheren Jahren, als sie noch in den Höhlen der Großen Berge hausten, immer genügend Nahrung vorhanden gewesen war. Es hatte Vorräte an gedörrtem Fleisch, saftigen Wurzeln und Beeren gegeben, womit sich die Sippe über die eisigen Wintermonate hinweggeholfen hatte.

Nun aber half selbst die Kunst Asrans nichts mehr, obwohl Asran ein großer Schamane war und die Sprache der Götter verstand. Asran entfachte jeden Abend ein Feuer und vollführte einen geheimnisvollen Tanz, bis er vor Erschöpfung zur Erde sank. Zuletzt griff das Feuer auf Asrans Pfahlhütte über, verschlang sie und hätte beinahe die ganze Siedlung vernichtet, wenn nicht der Wind plötzlich gedreht hätte.

Es war ein Abend wie seit vielen Wochen. Die Sonne sandte ihre heißen Strahlen mit fast unverminderter Heftigkeit, bis selbst das letzte Stückchen des großen roten Tellers hinter dem Horizont versunken war. Doch Orial fiel auf, dass der Teller größer war als sonst. Ja, er war sogar wesentlich größer. Voll Sorgen trat er in seine Hütte, wo Resta auf ihn wartete.

In der Nacht warf ein furchtbarer Donner Orial von seinem Lager. Kaum war der Donner verhallt, kam ein so heftiges Getöse auf, dass Orial befürchtete, die Erde ließe allen bösen Geistern gleichzeitig freien Lauf. Ein Wind fegte über die Landschaft und rüttelte so heftig an der Pfahlhütte, dass Orial mit dem Rücken und seinen ausgestreckten Armen Wand und Pfeiler festhalten musste, damit sie nicht zusammenbrachen. Als der Windstoß vorbei war, ertönte ein heftiges, gleichmäßiges Poltern auf dem Dach der Hütte und es dauerte eine Zeit lang, bis Orial erkannte: Es regnete.

Er rannte hinaus in die Nacht und spürte, wie der Himmel seine Schleusen öffnete und den Leben spendenden Regen dicht in großen Tropfen über die Erde ergoss.

Bald hörte der heftige Schauer auf und ging in einen gleichmäßigen Dauerregen über, der die ganze Nacht und den darauffolgenden Tag anhielt. Als Orial im Morgengrauen des zweiten Tages vor seine Hütte trat, waren Regen und Wolken wieder verschwunden. Die Sonne begann zu scheinen, doch die Kraft ihrer Strahlen war nicht mehr die alte. Orial ergriff seine Steinaxt und ging in Richtung des nahe liegenden Walds.

Mit langen Schritten erreichte er in wenigen Minuten die ersten Bäume am Waldrand und blieb dort erstaunt stehen. Aus der ausgedörrten Grasnarbe, zwischen den mächtigen Eichen, ragten diese merkwürdigen Wesen hervor, die er schon früher des Öfteren auf seinen Streifzügen beobachtet hatte. Sie hatten ihm durch ihre sonderbare gedrungene, bauchige oder spindeldürre, hochragende Gestalt Ehrfurcht und Respekt eingeflößt. Manche von ihnen sahen wie kleine Männer, wie Zwerge mit Hut aus. Andere glichen einem aufgespannten Schirm auf kniehohem Stamm. Sie erschienen völlig überraschend und verschwanden ebenso schnell wieder.

Orial beobachtete die merkwürdigen Gestalten und dachte an seinen leeren Magen. Sein Hungergefühl war stärker als seine Ehrfurcht und sein Respekt. Kurz entschlossen bückte er sich und riss eine der Gestalten aus der Erde. Er nahm sie in die Hand, roch daran, biss hinein und fand Geruch und Geschmack angenehm. Da fielen ihm Resta und die hungrigen Kinder ein. Abermals bückte er sich und pflückte und legte eine große Menge dieser merkwürdigen Gewächse auf seine ausgebreitete Fellweste. Dann eilte er in die Hütte und breitete seine Beute neben dem Feuer auf der Erde aus. Manches davon fiel in die Glut, verbrannte und verbreitete dabei einen angenehmen, appetitlichen Geruch. Resta und die Kinder fielen über die Nahrung her, um ihren quälenden Hunger zu stillen. Sie aßen diese ‚Waldmännchen' roh, halb angebrannt und gebraten, und merkten dabei, wie sich das Gefühl der Sattheit in ihren Leibern ausbreitete …

So oder so ähnlich könnte es sich abgespielt haben, als unsere Vorfahren erstmals mit Pilzen Bekanntschaft machten. Sie fielen den Menschen mit ihrer merkwürdigen Gestalt und mit ihrer oftmals prächtigen Farbe schon immer auf, doch man begegnete ihnen lange Zeit mit Misstrauen und Ehrfurcht. Man konnte es sich nicht erklären, woher sie kamen, welchen Zweck sie hatten. Lange waren Pilze eben die „Männlein im Walde", die dort still herumstanden und dann ebenso unmerklich verschwanden, wie sie gekommen waren.

Aber irgendwann obsiegte die Neugier. Oder der Hunger. Das belegen archäologische Funde in steinzeitlichen Pfahlbausiedlungen in der Schweiz, in der Nähe von Ravensburg, in Baden-Württemberg und am Mondsee in Österreich. Dort fand man Reste von Feuerschwämmen, des Eichenwirrlings *(Trametes quercina)* und von Stäublingen *(Lycoperdon spp.)*. Vertreter letzterer Gattung gelten jung als essbar. Somit dürfte der Pilzkonsum auf eine längere Geschichte zurückblicken als der Alkoholgenuss.

1.5 Der lange Weg zur modernen Mykologie

Die Mykologie, die Pilzkunde, wird auf eine Sage zurückgeführt, die von dem griechischen Schriftsteller Pausanias aus Magnesia in Kleinasien wie folgt wiedergegeben wird:

Der griechische Held Perseus, der Sohn von Zeus und Danaë hatte, wie ein Orakel prophezeite, seinen Großvater Acrisius getötet, dem er auf den Thron folgen sollte. Als Perseus voller Scham über den Mord nach Agros zurückkehrte, überredete er Megapenthes, den Sohn von Proteus, ihre Königreiche zu tauschen. Als er das Königreich von Proteus erhielt, gründete er Myceanae, weil dort die Kappe (Mykes) seiner Degenscheide herunterfiel und er dies für ein Zeichen hielt, eine Stadt zu gründen. Bei Pausanias heißt es weiter, dass Perseus zufällig einen Hutpilz (Mykes) aufhob, um seinen Durst mit dem aus ihm fließenden Wasser zu stillen, und da ihm dies zusagte, gab er dem Ort den Namen Myceanae. Hieraus wird gefolgert, dass eine der größten Kulturen der Antike – die mykenische – nach einem Hutpilz benannt wurde. Die aus diesem Wort abgeleitete Mykologie (*mykes* = Hutpilz, *logos* = Vortrag) meint die Lehre der Pilze.

Schon in vorgeschichtlicher Zeit sammelten die Menschen Pilze und halfen sich mit ihnen über magere Zeiten hinweg. Später in der Antike, als die Kochkunst ein hohes Niveau erreicht hatte, nahmen Pilze einen prominenten Platz auf der Speisekarte wohlhabender Griechen und Römer ein. Nicht selten wurden sie auch zur Durchführung dunkler Machenschaften verwendet. Aber bis man es gelernt hat, unschädliche Pilze von giftigen zu unterscheiden, haben mit großer Wahrscheinlichkeit viele Menschen ihr Leben lassen müssen.

Der griechische Dramatiker Euripides (460–406 v. Chr.) berichtete erstmalig über eine Pilzvergiftung. Er beschrieb einen Vorfall, bei dem eine Frau, deren beide Söhne und ihre Tochter giftigen Pilzen zum Opfer fielen.

Theophrast (371–287 v. Chr.), Naturforscher und Schüler von Aristoteles (385–323 v. Chr.), schrieb 227 Abhandlungen über das damalige biologische Wissen; fast ein Viertel dieser Werke befasst sich mit Pflanzen. Er glaubte, dass Naturereignisse und das menschliche Dasein auch ohne übermenschliche Kräfte erklärt werden können. Theophrasts auch in lateinischer Übersetzung erschienenes Hauptwerk *Historia Plantarum* enthält 19 seiner herausragendsten Studien. Darin beschrieb er auch Pilze, insbesondere die Trüffel, den Bovisten sowie Mistpilze. Er beobachtete die Entwicklung der Pilze und bezeichnete sie als Organismen, denen gewisse Organe wie Blätter und Früchte fehlen. Schon immer haben Pilze durch ihre merkwürdigen Gestalten die Fantasie von Schriftstellern angeregt. Man beschrieb sie in Gedichten, Dramen und Prosa seit der Zeit der klassischen griechischen und römischen Schriftsteller, von Shakespeare bis hin zu den Krimi- und Science-Fiction-Autoren der heutigen Zeit.

In den meisten antiken Aufzeichnungen über Pilze wird deren Wohlgeschmack besonders hervorgehoben. Plinius der Ältere (23–79 n. Chr.) hat ihnen in seinem Werk *Historia mundi naturalis* ein ganzes Kapitel gewidmet, in welchem er die Trüffel, den Kaiserling und den Steinpilz behandelte, als Leckerbissen bezeichnete und ihre Zubereitung schilderte. Interessant ist, dass die Patrizier die Zubereitung der Pilze anscheinend nicht den Sklaven überließen, sondern mit teurem Bernsteinbesteck und auf kostbarem Silbergeschirr selbst vornahmen. Man nannte die von den Römern benutzten speziellen Silbergefäße, welche der Zubereitung von Pilzen dienten, *„boletaria"*. Das Messer, mit dem die Pilze zerkleinert wurden, spielte dabei ebenfalls eine wichtige Rolle. Da man vor dem Eisenrost Angst hatte, wurden die Messer aus einer Legierung aus Gold und Silber namens „*electrum*" hergestellt. Plinius kannte übrigens auch den Zunderschwamm, die Boviste, die Lärchenschwämme und auch andere Baumpilze. Er und andere antike Schriftsteller nannten den Echten Zunderschwamm „*agaricum*", den Kaiserling „*boletus*", den Steinpilz „*suillus*" und die Trüffel „*tubera*".

Manche Überlieferungen handeln auch von Pilzvergiftungen. Plinius berichtete von Agrippina, der Frau von Kaiser Claudius, die ihren Mann im Jahre 54 n. Chr. durch ein Pilzgericht vergiftete, um ihrem Sohn Nero (37–68 n. Chr.) zum Thron zu verhelfen. Nero, der auf diese Weise Kaiser wurde, nannte die Boleten recht hintergründig „*cibus deorum*", eine Götterspeise. Auch der Tod des Gardepräfekten Serenus, ein Freund Senecas, des Philosophen, Erziehers und Beraters von Nero, ist historisch verbürgt: Auch er starb, zusammen mit mehreren Offizieren der kaiserlichen Leibwache, an einer Pilzvergiftung. Eines der berühmtesten Opfer von Pilzen dürfte jedoch der große Religionsstifter Siddhartha Gautama, genannt Buddha, gewesen sein, der Überlieferungen zufolge um 480 v. Chr. in Indien an einer Pilzvergiftung starb.

Die Römer glaubten, dass Pilze ihr Gift aus der Umgebung nehmen, aus rostendem Eisen, verfaulenden Substanzen und Schlangen, die den Pilzen ihr Gift einhauchen. Der griechische Arzt Nikandros (197–130 v. Chr.) aus Kolophon war der Erste, der die Entstehung der Pilze mit der Erde in Verbindung brachte. Der berühmte griechische Arzt Galenos aus Pergamon (130–210 n. Chr.) empfahl im Falle einer Pilzvergiftung den Verzehr großer Mengen roher

Radieschen, ferner die Asche von Weinhefe, vermischt mit Wasser, Wermut und Weinessig, sowie Gartenraute, sowohl mit Weinessig als auch allein. Der Enzyklopädist Aulus Cornelius Celsus (ca. 25 v. Chr. bis ca. 50 n. Chr.), der auch als bekannter Medizinschriftsteller galt, riet bei Pilzvergiftungen zum Verzehr von Radieschen mit Weinessig und Wasser oder Salz mit Weinessig.

Auch Aufzeichnungen über die Kultivierung von Pilzen sind aus der Antike bekannt. Der griechische Arzt, Botaniker und Schriftsteller Pedanius Dioskurides (40–90 n. Chr.) sowie Athenaos (Ende 2. Jh. n. Chr.), ein Vertreter der Poikilografie, des Vorläufers der Enzyklopädie, erwähnen diese Möglichkeit. Dioskurides schreibt, dass man die Rinde der weißen oder schwarzen Pappel in kleine Stücke schneiden und diese Stücke in gedüngte Erde stecken soll. Danach werden das ganze Jahr essbare Pilze wachsen. Marcus Tarentius Varro (116–27 v. Chr.), der bedeutendste römische Universalgelehrte, schrieb zu diesem Thema: Schneide den Stamm von Schwarzpappeln in die Erde, überschütte ihn mit Blättern, die vorher in Wasser getaucht waren, und bald werden Pappelpilze wachsen. Auch Cassianus Bassus, genannt Scholasticus, der Ende des 6., Anfang des 7. Jahrhunderts n. Chr. lebte und Schriften über die Landwirtschaft verfasste, schrieb darin über den Anbau von Pilzen.

Im Mittelalter war in Europa, wie so vieles andere, auch die Pilzkunde in Vergessenheit geraten. Die Volksmeinung von Pilzen war nicht gerade schmeichelhaft. Man betrachtete Pilze oft als „Teufelsschöpfung", „Teufelszeug", „Teufelsduwak". Vom heiligen Petrus (nicht zu verwechseln mit dem Apostel), dessen Festtag am 29. Juni ist, sagte man, dass er Schwammsamen säte. Dasselbe vermutete man auch vom Heiligen Sankt Veit, der an seinem Festtag, am 15. Juli, nachts auf einem blinden Pferd durch die Wälder ritt. Von den kreisförmig wachsenden Pilzen sagte man, sie bilden Hexenringe – übrigens eine bis heute erhaltene, mittlerweile in der wissenschaftlichen Mykologie gebräuchliche Bezeichnung –, die man für nächtliche Vergnügungsstätten von Schwammgeistern, Elfen und Hexen hielt.

Berühmte mittelalterliche Gelehrte haben die antiken Kenntnisse über Pilze kaum vermehrt, sondern zumeist kritiklos übernommen. Auch Naturforscher wie Paracelsus (1493–1541), Albertus Magnus (um 1200–1280) und Hildegard von Bingen (1098–1179) kannten Pilze und haben auch einige beschrieben, doch im Wesentlichen vertraten sie die Meinung, dass Schwämme und Trüffel keine Pflanzen, keine Tiere und auch keine Samen seien (womit sie übrigens recht hatten), sondern Ausdruck einer übermäßigen Feuchtigkeit der Erde, der Bäume und von verfaulenden Stoffen, die durch Regen und Blitz und Donner entstehe. Diese Auffassung hatte die Gelehrten der Antike und des Mittelalters jedoch nicht davon abgehalten, die Heilkraft mancher Pilze zu nutzen – ein Thema, auf das ich später noch ausführlicher zu sprechen kommen werde.

Die Autoren der berühmten Kräuterbücher des 16. und 17. Jahrhunderts, wie der Arzt und Botaniker Hieronymus Bock (1498–1554), der ungarische Botaniker und spätere Bischof der calvinistisch reformierten Kirche von Transsylvanien Peter Melius (1532–1572) oder der deutsche Naturforscher und Arzt Adamus Lonicerus (1528–1586), waren die Ersten, die in ihren Beschreibungen von Pilzen schon erste Anzeichen selbstständiger Beobachtungen, ja sogar Experimente, erkennen ließen.

Pilzsporen wurden erstmalig von dem neapolitanischen Arzt und Polyhistor Gianni Battista Della Porta (1535–1615) im Jahre 1588 beobachtet. Als Begründer der wissenschaftlichen Mykologie wird der italienische Naturforscher Peter Anton Micheli (1679–1737) angesehen. Ihm gelang es im Jahre 1710 nachzuweisen, dass sich Pilze durch Sporen fortpflanzen. Aber das erste umfassende wissenschaftliche Werk über Pilze, das *Rariorum plantarum historia fungorum,* erschien in Ungarn schon viel früher. Es wurde im Jahre 1601 vom niederländischen Arzt und Naturforscher Carolus Clusius (1526–1609) verfasst, der darin 105 in Ungarn vorkommende Pilze mitsamt Abbildungen in Holzschnitt beschreibt. Michelis Werk *Nova plantarum genera* erschien erst mehr als 100 Jahre später im Jahr 1720. Darin wurde eine große Anzahl von Pilzen beschrieben und abgebildet; darunter mehr als 200 essbare Arten. Peter Anton Micheli war auch derjenige, der erstmalig Keimungsversuche mit Pilzsporen durchführte. Er versuchte Pilze systematisch einzuordnen und schuf Gattungsnamen, die bis zum heutigen Tage erhalten geblieben sind, wie *Mucor, Aspergillus, Polyporus* und *Tuber.*

Weitere prominente Vertreter der Mykologie im 18. Jahrhundert waren Jacob Christian Schaeffer (1718–1790) in Deutschland, der Arzt und Botaniker François Pierre Bulliard (1742–1793) in Frankreich und der Naturforscher James Sowerby (1757–1822) in England. Die Entwicklung der Mykologie führte jedoch nicht auf geradem Wege vorwärts, sondern zeichnete sich durch zahlreiche Rückschläge aus. Noch im Jahre 1818 behauptete der damals führende Mykologe Christian Hendrik Persoon (1761–1836) von einer Reihe von Pilzen, dass sie auf dem Wege der Urerzeugung aus Schleim entstehen. Nur bei wenigen Arten erkannte er die Bedeutung der Sporen bei der Fortpflanzung an. Vom seinerzeit noch weit verbreiteten Dilettantismus, was Pilze angeht, zeugt auch das Buch Franz von Ungers, Professor für Botanik, Zoologie und Landwirtschaft in Graz und später auch für Anatomie und Physiologie in Wien, der noch 1833 über Pilze, die Krankheiten an Pflanzen verursachen, behauptete, dass diese nicht die Ursache der Krankheit, sondern Folgeprodukte des Krankheitsprozesses, gewissermaßen Ausdünste der erkrankten Pflanzen seien.

Der schwedische Botaniker Elias Magnus Fries (1794–1878) schuf in seinem 1821 veröffentlichten Werk *Systema Mycologicum* die Grundlagen zur systematischen Einteilung der Pilze. Einen bedeutenden Meilenstein in der Entwicklung der Mykologie setzten schließlich die französischen Brüder Louis und Charles Tulasne im 19. Jahrhundert. Sie untersuchten vor allem unterirdische Pilze und befassten sich darüber hinaus mit der Frage der Sporenbildung und -keimung von Rostpilzen und der Entwicklung des Mutterkorns. Weitere wichtige Stationen in der Entwicklung dieses Wissenschaftszweiges bilden die Arbeiten des deutschen Naturwissenschaftlers Henrich Anton de Barry (1831–1888) und Peter Claussens (1877–1959), der Professor an der Universität Marburg war.

Schließlich seien hier einige herausragende Persönlichkeiten genannt, deren Arbeiten die Mykologie auf ihren heutigen Stand gebracht haben: an erster Stelle Rolf Singer (1906–1994), dessen Forschungsreisen ihn von Leningrad

bis Buenos Aires, von Barcelona bis Chicago gebracht
haben; Meinhard Michael Moser (1924–2002), Professor
an der Universität Innsbruck, war mit seinen systematischen Studien Experte auf dem Gebiet der Lebensge-
meinschaften zwischen Pilzen und Bäumen und hat seine
Erkenntnisse gezielt der Aufforstung von Bergweiden in
den Alpen dienstbar gemacht, um dort die Lawinengefahr
zu verringern; Bruno Hennig (1893–1972), Mitbegrün-
der des mehrfach verlegten, mehrbändigen Handbuches
für Pilzfreunde; schließlich Hanns Kreisel (1931–2017),
Professor für allgemeine und spezielle Botanik der Universität Greifswald, international ausgewiesener Mykologe,
der das Handbuch schließlich zum Schluss verantwortete
(Abb. 1.4). Diese Aufzählung ist keineswegs vollständig,
sondern stellt nur eine persönliche, mehr oder weniger
subjektive Auswahl dar.

Hier endet meine kurze Vorstellung des langen Wegs
bis zur modernen Mykologie. Viele Vertreter dieses

Abb. 1.4 Professor Hanns Kreisel (1931–2017), Foto © Lutz Harre

Fachgebietes haben sich über Jahrhunderte lediglich damit beschäftigt (und tun es heute noch), Pilze kennenzulernen, sie zu entzaubern, korrekt zu bestimmen und zu beschreiben. Eine kleinere Gruppe von Mykologen erforscht – und das noch gar nicht so lange – den Nutzen der Pilze für uns Menschen. Sie gehen der Frage nach, wie Pilze uns helfen könnten, zu überleben. Im Folgenden werden wir besonders diesen Forschern einmal genauer auf die Finger schauen.

2

Pilze für die Welt

2.1 Biokonversion – eine Metamorphose der Materie

Ihre Ernährung betreffend werden Großpilze in drei Gruppen eingeteilt: die Parasiten, die Saprophyten und die Mykorrhizapilze. Die Parasiten – man nennt sie auch schmarotzende Schädlinge – befallen und schwächen oder töten lebende Organismen, insbesondere Bäume. Parasitisch lebende Großpilze sind z. B. der Zunderschwamm *(Fomes fomentarius)*, der Hallimasch *(Armillaria ostoyae)* und der für seinen guten Geschmack geschätzte Schwefelporling *(Laetiporus sulfureus)*. Die Mykorrhizapilze, die uns später noch intensiv beschäftigen werden, bilden eine Lebensgemeinschaft, die sogenannte Mykorrhiza (Pilzwurzel), mit Bäumen. Da sie auf ihren Baumpartner angewiesen sind,

© Springer-Verlag GmbH Deutschland 2018
J. I. Lelley, *No fungi no future,*
https://doi.org/10.1007/978-3-662-56507-0_2

können die Fruchtkörper von Mykorrhizapilzen nicht vom Partner losgelöst kultiviert werden. Unter den Mykorrhizapilzen gibt es zahlreiche beliebte Speisepilze wie den Pfifferling *(Cantharellus cibarius)*, den Steinpilz *(Boletus edulis)*, aber auch solche, die man meiden sollte, wie z. B. den Fliegenpilz *(Amanita muscaria)*.

Schließlich sind zahlreiche Großpilze Saprophyten (Saprobionten). In der Natur leben diese ausschließlich auf totem organischem Material, aus dem sie ihren eigenen Körper aufbauen und es auch für die eigene Energieversorgung verwenden. Der Pilzkörper mancher saprophytisch lebenden Großpilze stellt eine hochwertige, schmackhafte Nahrung dar. Aus Abfall wird also Nahrung – das nennen wir Biokonversion!

Saprophytisch lebende Großpilze sind, zusammen mit bestimmten Bakterien, die größten Entsorger und Abfallbeseitiger in der Natur, hauptsächlich in den Wäldern. Allein wegen dieser Leistung sind Pilze für uns eminent wichtig, ja unverzichtbar. Der meiste Abfall wird nämlich nicht von Menschen produziert, sondern alljährlich in Form von pflanzlicher Biomasse von der Natur selbst. Um diese Biomasse zu beseitigen, brauchen wir Pilze; ansonsten würde die Erde unter einer mächtigen Laubschicht ersticken. Die Bedeutung dieser Leistung kann kaum angemessen gewürdigt werden, wenn man bedenkt, dass die Menge der Biomasse, die von Bäumen, Gräsern und anderen Pflanzen weltweit Jahr für Jahr produziert wird, Schätzungen zufolge 200 Mrd. t ausmacht.

Die pflanzliche Biomasse besteht zum größten Teil aus Lignocellulose. Diese Bezeichnung steht für die drei wichtigsten in der Natur vorkommenden Polymere (aus

Makromolekülen bestehende Substanzen) Cellulose, Hemicellulose und Lignin, die alljährlich abgebaut werden müssen. Bei diesem Abbauprozess spielen sogenannte Primärzersetzer eine entscheidende Rolle. Als Primärzersetzer bezeichnen wir saprophytisch lebende Großpilze, die pflanzliche Reststoffe in ihrem originären, unveränderten, unbehandelten Zustand besiedeln und abbauen können. Hier müssen insbesondere die Großpilze der Abteilung Basidiomycota, die sogenannten Weißfäulepilze, hervorgehoben werden, da sie als einzige auch das widerstandsfähigste der drei natürlichen Polymere, das Lignin, spalten können.

Die Fähigkeit der Weißfäulepilze Lignin abzubauen, ist von großer wirtschaftlicher und gesellschaftlicher Bedeutung. Solche Pilze werden in erster Linie dafür verwendet, um in Entwicklungsländern, aus den dort verfügbaren verschiedenen pflanzlichen Reststoffen, einfach und preiswert hochwertige Nahrung zu erzeugen.

Das schwer abbaubare Lignin ist ein amorphes Mischpolymerisat aus Phenylpropankörpern und kommt stets in Verbindung mit Cellulose und Hemicellulose vor. Cellulose ist verhältnismäßig leicht abbaubar; falls sie aber mit Ligninmolekülen inkrustiert (durchsetzt) ist, widersteht der gesamte Komplex dem Zugriff der meisten mikrobiologischen Abbauprozesse.

Der Mechanismus des Ligninabbaus ist bis heute nur lückenhaft bekannt. Man weiß, dass Enzyme, die zum Ligninabbau fähig sind, oxidativ und unspezifisch sein müssen; bei Weißfäulepilzen sind diese Enzyme etwa extrazelluläre Peroxidasen und Laccasen (bei Letzteren sind es speziell die Lignin-, Mangan- und versatile Peroxidase).

Von den Laccasen, die im Grunde Kupfer enthaltende Oxidasen sind, wurden aus Pilzen mehr als 100 isoliert. Man weiß, dass auch sie beim Ligninabbau eine wichtige Rolle spielen, aber ihr Abbaumechanismus ist noch ungeklärt.

Der Ligninabbau erfolgt, je nach Pilzart, entweder Zug um Zug synchron mit dem Celluloseabbau oder selektiv – das heißt, es wird mehr Lignin als Cellulose zersetzt. Selektive Ligninabbauer sind zum Beispiel die Austernpilze *(Pleurotus spp.)*. Aus Untersuchungen mit verschiedenen Weißfäulepilzen wissen wir, dass die Intensität des Ligninabbaus von der Stickstoffkonzentration im Medium abhängig ist. Je kleiner der Stickstoffgehalt, desto größer ist die lignolytische Aktivität. Sehr anschaulich kann man dieses Phänomen an verschiedenen Holzarten in den Regenwäldern von Südchile beobachten, die Weißfäulepilzen zum Opfer fielen und im Volksmund *„palo podrido"* (verfaultes Holz) genannt werden. Diese Hölzer enthalten extrem wenig Stickstoff: nur 0,03 bis 0,07 % bezogen auf die Trockenmasse. Das Lignin der befallenen Hölzer, die zu einer weißen, amorphen Masse umgewandelt wurden, ist nahezu komplett abgebaut.

Die Wissenschaftlerinnen Ingrid Dill und Gunda Kraepelin am Institut für Biochemie und Molekulare Biologie der Technischen Universität in Berlin haben mit Pappelholz experimentiert, das extrem wenig, lediglich rund 0,04 %, Stickstoff enthält. Sie haben in der Pappel mithilfe des Flachen Lackporlings *(Ganoderma applanatum)* einen drastischen Ligninabbau erreicht. Die Ursache dieses Phänomens liegt darin, dass Weißfäulepilze einen erheblichen Teil ihres Stickstoffbedarfes durch die Mobilisierung des im Lignin gebundenen Stickstoffs, des sogenannten

Lignoproteins, decken. Mit anderen Worten: Lignin gilt für Weißfäulepilze als wichtige Stickstoffquelle.

Während aber der Stickstoffmangel den Ligninabbau fördert, hemmt er den Celluloseabbau. Aus den Untersuchungen von Dill und Kraepelin wissen wir, dass der bevorzugte Ligninabbau mancher Weißfäulepilze gerade darin begründet ist, dass im Nährboden Stickstoffmangel herrscht. Nachdem die Wissenschaftlerinnen ihren Holzproben, in denen das Lignin nahezu vollständig abgebaut war, eine Stickstoffquelle zugegeben haben, setzte rasch auch der Celluloseabbau ein. Neben Lignin gelten auch Cellulose und Hemicellulose als wichtige Kohlenstoffquellen für Weißfäulepilze; Lignin alleine reicht dafür nicht aus. Wie wir aus zahlreichen Untersuchungen wissen, wird der vollständige Abbau aller drei Polymere am besten erreicht, wenn den Weißfäulepilzen ein komplexes Kohlenstoffangebot gemacht wird.

Die wichtigsten Weißfäulepilze, die auch problemlos kultiviert werden können und deshalb eine überragende wirtschaftliche und gesellschaftliche Bedeutung erlangt haben, sind die Austernpilze *(Pleurotus spp.).* Weitere prominente Arten sind der Shii-take *(Lentinula edodes),* das Judasohr *(Auricularia auricula),* der Samtfußrübling *(Flammulina velutipes),* der Gemeine Spaltblättling *(Schizopyllum commune),* das Silberohr *(Tremella fuciformis)* und einige andere.

Eine weitere Gruppe von saprophytisch lebenden Großpilzen, deren Vertreter im Abbau von organischem Material eine wichtige Rolle spielen, sind die Sekundär- oder Folgezersetzer, die auch „Kompostbewohner" genannt werden. Diese Pilze wachsen dann optimal, wenn der Nährboden biochemisch und mikrobiologisch vorbehandelt, ihnen sozusagen mundgerecht gemacht wurde. Dies geschieht in der Natur hauptsächlich durch Bakterien. Diese besiedeln die Hinterlassenschaften der Primärzersetzer und zersetzen sie bis zu Kompost, Humus und Gartenerde.

Der weltweit wichtigste Vertreter dieser Gruppe in wirtschaftlicher Hinsicht ist der Kulturchampignon *(Agaricus bisporus)*. Bedeutsam und ebenfalls kultiviert ist darüber hinaus der Strohpilz, auch Dunkelstreifiger Scheidling *(Volvariella volvacea)* genannt, der Schopftintling *(Coprinus comatus)* und der Brasil Egerling, auch Mandelpilz *(Agaricus brasiliensis)* genannt.

Der Nährboden der kultivierten Folgezersetzer wird mittels eines ziemlich aufwendigen biotechnologischen Verfahrens vorbereitet, das man in der Fachsprache Fermentation nennt. In diesem Nährboden, der in ausreichenden Mengen Stickstoff, Kohlenstoff und Wasser enthalten muss, laufen mikrobiologische Vorgänge und chemische Reaktionen ab, welche die Zusammensetzung des Nährbodens merklich verändern. Dabei findet der Abbau vieler mehr oder weniger komplexer Stoffe pflanzlichen Ursprungs statt; aber gleichzeitig entstehen durch Mikroorganismen und bestimmte chemische Reaktionen auch neue Komponenten. Beide Prozesse, der Ab- und Aufbau, gehen Hand in Hand. Dabei geht infolge des Stoffwechsels der beteiligten Mikroorganismen ein erheblicher Teil, etwa 30 %, der Trockenmasse des Nährbodens verloren. Aber der verbleibende Teil enthält bevorzugte Nährstoffe für die Kulturpilze und einen Besatz von Mikroorganismen, die den Nährboden vor dem unerwünschten Befall durch Schimmelpilze schützen und zugleich als Nahrung für die Kulturpilze dienen. Durch die Fermentation entsteht ein sogenannter selektiver

Nährboden, der das Wachstum der Kulturpilze begünstigt und diese in gewissem Umfang vor Schadorganismen schützt.

Die Aufbereitung des Nährbodens durch Fermentation erlaubt die Kultivierung von Pilzen, die, ähnlich wie Weißfäulepilze, wichtige Entsorger organischer Reststoffe und Abfälle sind und dies lediglich auf einem etwas umständlicheren, komplizierteren Weg tun. Aber das Ergebnis ist auch bei den Folgezersetzern das gleiche: Aus organischem Rest und Abfall sowie Humus entsteht hochwertige Nahrung in Form von Pilzbiomasse.

2.2   Die Big Five unter den Kulturspeisepilzen

Etwa 85 % der weltweiten Produktion von Kulturspeisepilzen entfällt auf nur fünf Arten, auf die sogenannten „Big Five". Es gibt zwar etwa 40 weitere kultivierte Arten, doch haben diese eine geringere bzw. eine nur lokale Bedeutung. Die weltweite Produktion von Kulturspeisepilzen stieg von 1978 bis in die Gegenwart von einer Million Tonnen auf mehr als das 25-Fache: auf über 27 Mio. t. Die Weltbevölkerung stieg im gleichen Zeitraum nur um das 1,8-Fache: von 4,2 auf mehr als 7,4 Mrd. Der Pro-Kopf-Pilzverbrauch erhöhte sich weltweit von einem Kilogramm im Jahr 1997 auf heute 3,6 kg.

Als weltweit größter Produzent von Kulturspeisepilzen gilt die Volksrepublik China. Aber die aus China stammenden statistischen Angaben weisen gravierende Unterschiede aus. So gibt z. B. die Statistik der Food and Agriculture

Organization of the United Nations (FAOSTAT) die chinesische Gesamt-Pilzproduktion für 2010 mit 4,8 Mio. t an, während die Chinese Edible Fungi Association die Produktionsmenge im gleichen Zeitraum auf 21,5 Mio. t schätzt. Die führende Rolle Chinas in der Pilzbranche ist aber trotzdem unbestritten, sind doch dort rund 30 Mio. Menschen mit der Kultivierung, der Verarbeitung und dem Vertrieb von Kulturspeisepilzen beschäftigt.

Der Samtfußrübling oder Enoki

Der kleinste unter den „Big Five" und der fünftwichtigste Kulturspeisepilz mit rund 5 % Anteil an der Weltproduktion hat den wohlklingenden deutschen Namen „Samtfußrübling" (*Flammulina Velutipes*). Er wird auch „Winterpilz" genannt, da sich sein Fruchtkörper in der Natur gewöhnlich von November bis Ende März entwickelt. Der kultivierte Samtfußrübling ist unter der japanischen Bezeichnung „Enoki" oder „Enokitake" bekannt geworden; er kommt weltweit in den gemäßigten und kalten Klimazonen vor und fruchtet an abgestorbenen Stümpfen verschiedener Laubholzarten, bevorzugt auf Weiden, Pappeln und Eschen, gelegentlich aber auch auf Koniferen. Der Samtfußrübling ist ein verhältnismäßig kleiner Lignin zersetzender Weißfäulepilz. Sein Hut ist leuchtend gelb bis rostbraun und hat einen dunklen Fleck in der Mitte. Typisch ist seine samtähnliche dunkle Struktur auf dem Stiel. Das gelbe Fleisch des Samtfußrüblings duftet und schmeckt auffallend würzig. Früher hat man ihn auf Naturholz im Freien kultiviert, heute nur noch auf Substrat aus Sägemehl, das man mit nährstoffreichen Additiven anreichert, um den Ertrag zu steigern – eine Methode, die schon vor mehr als 80 Jahren in China entwickelt wurde.

Die Rezeptur einer solchen Substratmischung besteht hauptsächlich aus Sägemehl, das jedoch eine Mischung verschiedener Holzarten enthalten kann. Bevorzugt wird Laubholzsägemehl, aber auch Laubholz-, zusammen mit Nadelholzsägemehl, ist gut geeignet. In Japan nimmt man die Sicheltanne *(Cryptomeria japonica)*, die Scheinzypresse *(Chamaecyparis spp.)* und die Kiefer *(Pinus spp.)* und mischt sie mit Buchen- *(Fagus spp.)* und Eichensägemehl *(Quercus spp.)*; zur Aufwertung dieser Mischung werden dem Sägemehl Kohlenstoff- und Proteinquellen, Spurenelemente und Vitamin B_1 zugegeben. Schließlich setzt man der Mischung hinreichend Wasser zu und füllt sie bevorzugt in Polypropylen-Weithalsflaschen von etwa 0,8 L Fassungsvermögen. Die Flaschen werden verschlossen und bei 121 °C sterilisiert. Nach diesem Prozess und nach der Abkühlung der Substratflaschen beimpft man das Substrat mit einer Myzelkultur des Enoki und lässt es bei 18–20 °C so lange stehen, bis der Flascheninhalt zu 80–90 % vom Myzel des Pilzes besiedelt wurde. Danach werden die Kulturen in einen anderen Raum gebracht und dort bei Dunkelheit und 10–12 °C weiter gelagert. Etwa zwei Wochen später erscheinen die Fruchtkörperansätze. Jetzt beginnt die entscheidende Kulturphase, bei der im Wechselspiel von Temperatur, Luftfeuchtigkeit, Luftwechsel, Licht, CO_2-Konzentration der Raumluft und viel Fingerspitzengefühl die Enoki-Fruchtkörper in ihrer typischen Form herangezüchtet werden. Um das zu erreichen, bedient man sich eines in der Pilzkultivierung allgemein bekannten Phänomens: der „Flucht" der Fruchtkörper vor Kohlendioxid. Die Hüte der Pilze wollen möglichst in einer kohlendioxidarmen Atmosphäre reifen. Im Substrat herrscht aber infolge des Stoffwechsels des Myzels meistens eine höhere Kohlendioxidkonzentration als in der Luft. Deshalb kommt es zu einer Streckung des Pilzstiels, bis dieser ein zusagendes Milieu erreicht. Nun setzen die Kultivatoren von Enoki einen Zylinder aus Wachspapier auf die Öffnung der Substratflaschen. Das im Substrat gebildete Kohlendioxid sammelt sich in dem darüber befindlichen Papierzylinder an. Daraufhin strecken sich die Stiele der Enoki-Fruchtkörper, bis sie den oberen Rand des Papierzylinders erreichen. Sie sind nun weiß, 13 bis 14 cm lang, dünn und haben einen etwa zwei Zentimeter großen Hut (Abb. 2.1). Nachdem der Papierzylinder entfernt wurde, sehen sie auf der Substratflasche wie ein Strauß exotischer Blumen aus.

Enokis gelten als sehr schmackhaft und werden in Ostasien in großen Mengen konsumiert. Gelegentlich findet man sie aber auch in deutschen Feinkostgeschäften, da es auch hierzulande einige kleine Produzenten gibt. Hauptsächlich jedoch wird Enoki in China, Japan und Taiwan kultiviert. Die Liste der Produzenten führt die Volksrepublik China an. Das Produktionsvolumen ist von 1995 bis 2010 über 1200 % gewachsen! Auf Grundlage einer in Japan entwickelten Technologie entstehen in China gegenwärtig zahlreiche neue Enoki- Anbaubetriebe. Von einem solchen berichtete kürzlich Roel Dreve, Herausgeber der Fachzeitschrift *Mushroom Business*. Laut Dreve

Abb. 2.1 Erntereife Kulturen des Speisepilzes Enoki (*Flammulina velutipes*), Foto © Ulrich Groos

werden in einem solchen Betrieb täglich 60.000 kg (!) des zarten, zerbrechlichen Pilzes erzeugt. Das entspricht einer Jahresproduktion von über 21 Mio. kg. Einige kleine Enoki-Anbaubetriebe gibt es auch im Westen, wie bereits erwähnt in Deutschland, aber auch in den USA und den Niederlanden.

Das Judasohr

Der vorletzte Pilz in der Rangfolge, mit einem Anteil von rund 6 % der weltweiten Speisepilzproduktion – das entspricht rund 1,7 Mio. t –, ist das Judasohr (Abb. 2.2), auch „Holunderschwamm" genannt. Eine christliche Legende berichtet, dass auf dem Holunderbaum, an dem sich Judas Ischariot, der Jünger Jesu, erhängte, ohrmuschelförmige Pilze wuchsen, die heute den Namen Judasohr *(Auricularia spp.)* tragen. Jedenfalls steht fest, dass dieser kleine unscheinbare Pilz sowohl im Abendland als auch im Morgenland seit Jahrhunderten – wenn auch aus völlig unterschiedlichen Gründen – eine überaus bedeutende Rolle spielt.

Abb. 2.2 Judasohr *(Auricularia auricula-judae)*, einer der ältesten Kulturpilze

Es werden insgesamt drei Arten des Judasohrs, das man umgangssprachlich auch Chinesische Morchel nennt, kultiviert: *Auricularia polytricha, Auricularia fuscosuccinea* und *Auricularia auricula-judae*. Das Judasohr besitzt einen becher-, ohren- oder muschelförmigen, drei bis zehn Zentimeter großen, äußerst dünnfleischigen Fruchtkörper mit sehr kurzem Stiel. Der Fruchtkörper ist rötlich, olivgrau oder rotbraun. Das Fruchtfleisch ist gelatinös und getrocknet schrumpft es stark zusammen. Wenn man den getrockneten Pilz jedoch ins Wasser legt, quillt er nach kurzer Zeit auf und nimmt wieder seine ursprüngliche Form an.

Bevorzugte Nährgrundlage des Judasohrs sind alte, absterbende Sträucher des Schwarzen Holunders; der Pilz kommt aber oft auch an Buchen, Robinien und Weiden vor. Zwar ist das Judasohr ganzjährig anzutreffen, frische Fruchtkörper werden jedoch hauptsächlich im Frühling gebildet. Es wird von Dr. Hermann Jahn, einem Experten für holzbewohnende Pilze, als Schwächeparasit und Saprophyt bezeichnet, da es neben Totholz – wie bereits erwähnt – auch die geschwächten, aber noch lebenden Holunder befällt.

Man hat sowohl in Deutschland als auch anderswo in Europa vom Judasohr als Speisepilz nie besonders viel gehalten, denn es gilt als unergiebig und fade im Geschmack. Umso mehr wurden seine Heilkräfte angepriesen. Schon in den Kräuterbüchern vor 300 bis 400 Jahren gibt es reichlich Hinweise in diese Richtung, und noch vor etwa 40 Jahren hat man den Versuch gestartet, unter Anwendung der Myzelmasse des Judasohrs eine Gesichtscreme mit besonders beruhigender und entspannender Wirkung zu entwickeln. Edmund Michael, einer der Begründer des mehrbändigen Handbuchs für Pilzfreunde, schrieb im Jahre 1905, dass das Judasohr in den Apotheken in früheren Zeiten als *„Fungus Sambuci"* geführt und zu Umschlägen bei Augenentzündungen verwendet wurde.

In Ostasien dagegen galt das Judasohr von Anfang an als besonderer Leckerbissen. Auch heute darf es in zahlreichen Gerichten der chinesischen Küche nicht fehlen. So haben auch viele Deutsche – wenn auch unbewusst – mit dem Judasohr schon Bekanntschaft gemacht; immer dann nämlich, wenn sie in einem Chinarestaurant die wohlklingende Chinesische Morchel verspeisten, aßen sie in Wahrheit Judasohr. Eine, wie ich meine, verzeihliche Irreführung. Würde ein Lokalbesitzer z. B. „Schweinefleisch süßsauer mit Judasohr" auf seine Speisekarte setzen, würde er vermutlich kaum etwas davon verkaufen.

Das Judasohr ist einer der ältesten Kulturspeisepilze. Man baut es Berichten zufolge in China seit etwa 1500 Jahren an. Noch älter ist jedoch die Bekanntschaft, die die Chinesen mit diesem Pilz in freier Natur gemacht haben. Sie nannten und nennen das Judasohr auch heute noch „Mu-Erh", was so viel bedeutet wie Waldohr oder Baumohr. Die älteste Erwähnung findet sich in einer Schrift namens *Pen King* aus der Zeit zwischen 300 und 200 v. Chr. Dort heißt es, dass es fünf Sorten von „Mu-Ehr" gibt, die in der Regenzeit, mit Beginn des sechsten Monats, gesammelt und in der Sonne getrocknet werden. Es gibt jedoch keine Hinweise darauf, dass die Chinesen das Judasohr zur damaligen Zeit auch schon für medizinische Zwecke verwendet haben. Sie haben es einfach nur gegessen.

Für die Beliebtheit dieses Pilzes im Reich der Mitte zeugen noch weitere kulturhistorische Daten. So haben Chinesen, die als Waldarbeiter in Neuseeland tätig waren, dort schon Ende des 19., Anfang des 20. Jahrhunderts in großen Mengen Judasohr gesammelt, getrocknet und in die Heimat geschickt – ein reger Handel, der bis zum Ausbruch des Ersten Weltkrieges blühte. Bedeutende Produzenten des Judasohrs sind heute neben der Volksrepublik China Taiwan, Thailand, die Philippinen, Indonesien, Malaysia und Vietnam. In China gelang es durch gezielte Selektion, Judasohrstämme zu gewinnen, die den herrschenden Klimaverhältnissen und Anbaumethoden in den verschiedenen Regionen des Landes angepasst sind. Außerhalb Ostasiens ist der Anbau von Judasohr hingegen bedeutungslos.

Verhältnismäßig bedeutungslos geworden ist auch die Kultivierung des Judasohrs auf Naturholz; etwa beim Jackfruchtbaum *(Artocarpus heterophyllus)*, der Traubenfeige *(Ficus racemosa)* und dem Turibaum *(Sesbania grandiflora)* ist diese Kultivierungsart vereinzelt noch anzutreffen. Meistens jedoch führt man die Kultivierung auf einem aus Sägemehl und Reiskleie bestehenden Substrat durch; diese Anbautechnologie ist der des Shii-take ähnlich, wovon ich gleich berichten werde. Wie jedoch der niederländische Pilzexperte Peter Oei schreibt, wurden in China, in der Provinz Hebei, die zu den wichtigsten Anbauzentren des Judasohrs zählt, auch Baumwollkapselschalen als Substrat sehr erfolgreich getestet. Das hat natürlich eine besondere ökonomische und ökologische Bedeutung; denn anstatt für den Anbau des Judasohrs Holz zu schlagen, findet hierbei eine aus preiswerten bis wertlosen Stoffen hergestellte Substratalternative Verwendung. Gleichzeitig wird damit auch die Beseitigung der Abfälle aus der Baumwollproduktion gelöst. Fasst man alle verfügbaren Informationen über das Judasohr zusammen, können wir zwei wichtige Feststellungen treffen:

- Das Judasohr stellt eine bedeutende Komponente in der Ernährung der Bevölkerung in Ost- und Südostasien dar, was durch die jährliche Produktionsmenge eindrücklich belegt wird.
- Das Judasohr wird teilweise auf der Grundlage wertloser pflanzlicher Reststoffe kultiviert, und als Musterbeispiel der Biokonversion wird solches Material in wertvolle Nahrung verwandelt.

Der Shii-take

Mit rund 4,6 Mio. t entfallen etwa 17 % der weltweiten Speisepilzproduktion auf den Shii-take (*Lentinula edodes*, Abb. 2.3). Davon werden in China, nach einem rasanten Anstieg in den letzten 20 Jahren, mit über vier Millionen Tonnen mehr als 90 % erzeugt. In Japan dagegen, das vor 40 Jahren noch als weltweit führender Shii-take-Erzeuger galt und wo der Shii-take ebenfalls eine jahrhundertealte Tradition hat, zeichnet sich indes nur ein geringer Produktionsanstieg ab. Die Japaner haben in der ersten Dekade des 21. Jahrhunderts lediglich die bescheidene Menge von jährlich 110.000 t Shii-take erzeugt. Inzwischen wird Shii-take auch in vielen anderen Ländern, auf allen Kontinenten, kultiviert, allerdings mit durchweg geringen Produktionsmengen.

Abb. 2.3 Shii-take *(Lentinula edodes)*. Hier wächst er auf einem Substratblock aus Sägemehl und Zuschlagstoffen

Der Shii-take ist ein Weißfäulepilz, ein obligater Saprophyt, der ausschließlich auf abgestorbenem Holz lebt. Er bevorzugt Eichen *(Quercus spp.)*, Kastanien *(Castanea spp.)*, Hainbuchen *(Carpinus spp.)* und verschiedene Shiibaum-Arten *(Pasania spp.)*. Beheimatet ist der Shii-take in Ostasien, vornehmlich aber in Japan und China. Die Bezeichnung „Shii-take" ist japanisch und bedeutet: Pilz (Take) des Shiibaums. Man findet ihn außerdem in den Bergregionen Indochinas, auf den Philippinen, in Taiwan, Nepal, Korea, Burma, Nordborneo, Pakistan und Papua-Neuguinea. Ungünstige Bedingungen für den Shii-take herrschen indes in den kalten und tropischen Regionen Ostasiens. Doch in den oben genannten Ländern kommt er auch in höheren Lagen vor, wo das Klima subtropisch oder gemäßigt ist. In Europa ist der Shii-take nicht heimisch.

Darüber, wann der Shii-take zum ersten Mal kultiviert wurde, herrscht Uneinigkeit in Fachkreisen. Rolf Singer, einer der bekanntesten Mykologen des 20. Jahrhunderts, berichtete 1961 von historischen Dokumenten, denen zufolge der japanische Kaiser Chuai im Jahre 199 für den Shii-take schwärmte, den ihm Einwohner der Insel Kyushu geschenkt haben sollen. Es ist jedoch nicht belegt, ob es sich dabei um kultivierte Pilze handelte – im Gegenteil: Eher wird angenommen, dass es gesammelte waren. Neuere ethnomykologische Recherchen belegen, dass die Inkulturnahme des Shii-take in China erfolgte und chinesische Siedler den Pilz im 15. Jahrhundert in Japan einführten.

Als Initiator der Kultivierung des Shii-take gilt der Chinese Wu San Kwung, der während der Sung-Dynastie (960–1127) im Dorf Lung-Shyr, im Südwesten der Provinz Zhejiang, lebte. Es ist dies eine bergige Gegend, mit mildwarmem, feuchtem Klima, 1200 mm Regen im Jahresdurchschnitt, mit ausgeprägten vier Jahreszeiten, einer Jahresdurchschnittstemperatur von 17 °C und über 300 frostfreien Tagen. Die Landschaft verfügt über reichlich Laubwald und bietet somit optimale Voraussetzungen für die Kultivierung des Shii-take. Ein chinesischer Autor namens Wang Cheng berichtete im Jahre 1313 in seinem *Buch der Landwirtschaft* über die Shii-take-Anbautechnologie und gab detaillierte Hinweise zu verschiedenen Arbeitsgängen. Die Kulturmethode war eine extensive, eine Outdoor-Methode und erfolgte auf der Grundlage von Naturholz, im Freien oder unter dem Schutz einer einfachen Überdachung. Die Bauern in Zhejiang benutzten Ahorn *(Acer spp.)*, Amerbaum *(Liquidambar spp.)*

und Kastanie *(Castanea spp)*. Die Gegend ist noch heute ein Zentrum der chinesischen Shii-take-Produktion; die Landbevölkerung lebt zum großen Teil von der Pilzzucht. Japanische Bauern haben die Anbautechnologie weiterentwickelt, indem sie Kerben in Baumstämme schlugen, um den durch Wind verbreiteten Sporen des Shii-take Einlass zu gewähren. Dann wartete man, bis das Myzel des Pilzes die Stämme besiedelte und schließlich Fruchtkörper hervorbrachte. Gegen Ende des 19. Jahrhunderts fing man schließlich an, solche Holzeinschnitte mit Sporensuspensionen künstlich zu infizieren. Der nächste Schritt war Anfang des 20. Jahrhunderts die Verwendung von Sägemehl als Impfstoff, das von einer im Laboratorium gezüchteten Reinkultur des Shii-take vollständig besiedelt war. Später zog man das Pilzmyzel an kleinen Eichenholzstücken an und setzte diese in vorgebohrte Löcher in den Holzstamm, um ihn auf diese Weise zu infizieren. Diese einfache Technologie findet in kleinen bäuerlichen Betrieben bis heute Anwendung; die Japaner halten dafür verschiedene Shiibaum-Arten *(Pasanea spp.)* als besonders geeignet.

Den ersten Versuchen, in Deutschland Shii-take zu kultivieren – zwischen 1903 und 1908 durch Heinrich Mayer, Professor in München –, war wenig Erfolg beschieden. Später, Mitte der 1930er-Jahre, versuchte der österreichische Universitätsdozent Fritz Passecker Shii-take auf Holzprügeln anzubauen. Ende der 1970er-Jahre führten mein Team und ich Shii-take-Anbauversuche an der Versuchsanstalt für Pilzanbau in Krefeld durch und testeten die Brauchbarkeit verschiedener Holzarten. Heute wird in Deutschland der Shii-take von vielen Hobbygärtnern analog zur japanischen Methode auf Naturholz kultiviert, wofür hauptsächlich Traubeneichen *(Quercus petraea)* und Buchen *(Fagus sylvatica)* verwendet werden, haben sich doch beide in unseren Untersuchungen als besonders geeignete Unterlage bewährt (Abb. 2.4).

Einen Quantensprung in der Shii-take-Kultivierung bedeutete der Übergang zu Indoor-Methoden, von den Naturhölzern zu kleinen künstlichen Baumstämmen, die aus Sägemehl als Grundlage und aus Zuschlag- und Ergänzungsstoffen bestanden. Das dabei verwendete Sägemehl bestand aus dem gleichen Holz, das sich schon für die extensive Kultivierung bewährt hat. In Deutschland ist es meistens Buchensägemehl, in warmen Ländern oft das Sägemehl von Eukalyptusbäumen *(Eucalyptus spp.)*. Doch im Sinne einer Schonung der Holzbestände wurden zahlreiche vielversprechende Experimente durchgeführt, um den Shii-take auch auf völlig anderen organischen Reststoffen anzubauen. In Brasilien waren es etwa Kaffeeschalen, Kaffeerückstände nach der Extraktion von Roh-Kaffeepulver oder nach der Erzeugung von Instant-Kaffee.

Im Zentrallaboratorium der Agraruniversität von Fujian in China entwickelte man ertragreiche Shii-take-Substrate auf Grundlage von verschiedenen Gräsern. Besonders bewährt hat sich dabei das weitverbreitete tropische Gras *Dicranopteris linearis,* aber auch das Riesen-Chinaschilf *(Miscanthus floridulus)* und eine zu den Süßgräsern gehörende Art namens *Themeda gigantea* – die übrigens eng verwandt ist mit unseren grasartigen Nutzpflanzen Weizen, Roggen, Gerste, Mais und anderen. Die Zuschlag- und Ergänzungsstoffe, meistens Weizenkleie

Abb. 2.4 Shii-take *(Lentinula edodes),* wie er ursprünglich auf Naturholz kultiviert wurde

oder Reiskleie, ferner Gips und Calciumcarbonat, reichern die Grundlagen mit rasch verwertbaren Nährstoffen (Kohlenstoffe, Proteine, Vitamine) an. Letztere geben ihm eine krümelige Struktur und stabilisieren seinen pH-Wert in einem für die Entwicklung des Shii-take optimalen Bereich.

Die Substratmischung für den Shii-take-Anbau wird generell durch Hitzebehandlung von möglichen Schadorganismen (Schimmelpilze, Bakterien), die das Wachstum des Kulturpilzes hemmen oder vollständig unterbinden, befreit. Dann erfolgt unter strengsten hygienischen Bedingungen die Beimpfung dieses Substrates durch eine Reinkultur des Shii-take, und schließlich werden die Pilze statt im Freien in klimatisierten Spezialräumen kultiviert und gepflückt. Diese Maßnahmen führen schließlich zu einer signifikanten Beschleunigung des Kulturablaufs und zu einer Erhöhung des Fruchtkörperertrages. Deshalb wird Shii-take heute auf der ganzen Welt meistens auf diese oder ähnliche Weise kultiviert.

Es gibt mehrere Gründe für den zunehmenden weltweiten Anbau des Shii-take; etwa die Tatsache, dass er in ost- und südostasiatischen Ländern zum festen Bestandteil des Nahrungsangebotes gehört. In den westlichen Ländern begünstigen die veränderten Ernährungsgewohnheiten (Vordringen der vegetarischen und veganen Ernährung) und auch das Bedürfnis der Menschen nach höherwertigen Nahrungsmitteln die Verbreitung des Shii-take. Sein vorzüglicher Geschmack, seine gute Haltbarkeit und nicht zuletzt seine bemerkenswerte gesundheitsfördernde Wirkung auf den menschlichen Organismus sind seine schlagkräftigsten Argumente.

Der Kulturchampignon

Rund 30 % der weltweiten Pilzproduktion, in der Größenordnung von über acht Millionen Tonnen jährlich, entfallen auf den Kulturchampignon (*Agaricus bisporus*, Abb. 2.5). Damit ist der Champignon immer noch der wichtigste Kulturspeisepilz. Dieses „immer noch" muss ich aber besonders betonen, da der Vorsprung zu den übrigen, insbesondere zum Austernpilz und zum Shiitake, der vor zwei bis drei Jahrzehnten noch sehr groß war, stetig schrumpft. Denn die Kultivierung der beiden letztgenannten Pilze hat sich in Ost- und Südostasien rasant entwickelt, während Kulturchampignons bis Ende des 20. Jahrhunderts hauptsächlich in Europa und Nordamerika kultiviert wurden. Der Champignon war und ist immer noch der bevorzugte Speisepilz des Westens. Inzwischen trat jedoch der Kulturchampignon auch in Asien seinen Siegeszug an und fand insbesondere in der Volksrepublik China Millionen von Liebhabern. Im Reich der Mitte werden inzwischen mit jährlich über zwei Millionen Tonnen sechsmal mehr Champignons produziert als im zweitgrößten Erzeugerland, den USA, die gerade mal mit 390.000 t aufwarten können. Der weltweit drittgrößte Produzent ist Polen mit rund 285.00 t jährlich, gefolgt von den Niederlanden (270.000 t). Weitere größere europäische Produzenten sind Frankreich, Spanien, Italien, Deutschland Belgien und Ungarn, während die übrigen europäischen Länder nur wenig produzieren, sondern den Großteil ihres Bedarfes an Champignons importieren.

Abb. 2.5 Kulturchampignons *(Agaricus bisporus)*, weiß, klein und rund, wie man sich hierzulande einen guten Speisepilz vorstellt

Der Ursprung des Kulturchampignons ist unbekannt. Ob man schon im Altertum Champignons kultivierte, ist nicht eindeutig bewiesen. Daher wurde seine offizielle Geburtsstunde in die Zeit um 1630 verlegt, als findige Gärtner um Paris begonnen hatten, aus eigener Ernte kultivierte Champignons auf den Märkten feilzubieten. Zur damaligen Zeit war der Melonenanbau eine lohnende Beschäftigung. Die Melonen wurden in Mistbeeten gezogen, wobei den Gärtnern auffiel, dass in diesen Beeten immer wieder schmackhafte Pilze wuchsen, die man gerne pflückte und verzehrte. Man nannte diese Pilze „Champignons", was Französisch nichts anderes heißt als Pilz. Räumten die Gärtner die Melonenbeete nach der Ernte ab und vermischte sich der Mist zufällig mit Erde, traten die Pilze verstärkt auf. Besonders augenfällig war das

Wachstum der Champignons, wenn die stark verrotteten Mistbeete mit dem Waschwasser reifer Pilze übergossen wurden.

Das hatte die Gärtner dazu animiert, der Sache auf den Grund zu gehen und erste Beete für Champignons anzulegen. Der Mist wurde mit Stücken aus zerbrochenen Fruchtkörpern von Pilzen beimpft, die man in der Umgebung auf fetten Wiesen sammeln konnte – möglicherweise waren es Fruchtkörper des Wiesenchampignons. Jedenfalls wurden schon zu Lebzeiten von Ludwig XIV. (1638–1715) künstliche Pilzkulturen angelegt. Bald erschien auch der erste schriftliche Aufsatz über diesen neuen Erwerbszweig; sein Autor war der Agrarexperte Nicolas de Bonnefons, der in *Le Jardinier Francais,* einer gärtnerischen Zeitschrift, im Jahre 1651 über den Champignonanbau berichtete. Darin heißt es, dass Champignons von den Weiden im Garten zum Wachsen gebracht werden können; die Kulturen wurden im Freien, auf Beeten aus Esel- und Maultierdung angelegt. Der englische Tagebuchschreiber, Gelehrte und späteres Mitglied der Königlichen Gesellschaft John Evelyn veröffentlichte unter dem Pseudonym Philocepos im Jahre 1658 eine englische Übersetzung von de Bonnefons Artikel. So ist der Champignon nach kurzer Zeit auch in England bekannt geworden. Man hat aus England auch von einem geschickten Gärtner namens Switzer berichtet, der zur Zeit von Königin Anne (1665–1714) Champignons kultivierte. Die meistzitierte Abhandlung über diesen Pilz, vom französischen Botaniker und Forschungsreisenden Joseph Pitton de Tournefort, erschien 1707. Dieser berichtete, dass die Champignons in Frankreich in Gärten kultiviert wurden; man legte Ende

August Beete an, deckte diese mit der Erde von Melo-
nenbeeten zu und schützte sie durch eine Schicht feuchten Mistes von Eseln oder Maultieren vor Frost. Die Pilze
wurden alle zwei bis drei Tage gepflückt; im Mai begann
die Ernte und dauerte bis Ende August. Die mit Erde
bedeckten Beete hielten sich zwei Jahre.

Erste Hinweise auf eine gezielte Behandlung des Nährbodens des Champignons, den wir aus sachlichen Gründen ab jetzt Substrat nennen wollen, finden wir in der
1779 erschienenen Abhandlung *The Garden Mushroom: Its
Nature and Cultivation* des schottischen Gärtners und späteren Botanik-Professors der Universität Cambridge John
Abercrombie. Dort heißt es:

> Kein Dung entspricht besser dem Zweck als Pferdedung,
> also Dung und Urin dieses Tieres zusammen mit dem
> feuchten Stroh, der Einstreu in der Box. Er ist heiß, er
> fermentiert und erreicht eine hohe Temperatur für lange
> Dauer. Da diese Hitzeentwicklung zunächst zu heftig ist,
> sollte die Temperatur des Dunges schon früh verringert
> werden durch Aufschichten in Haufen und ein- bis zwei-
> maliges Umsetzen.

Ein anderer englischer Gelehrter, James McPhail, schrieb
in seinem Werk *The Gardener's Remembrancer* im Jahre
1819 Erstaunliches zu diesem Thema:

> Um ein Pilzbeet aus frischem Dung zu erreichen, präpa-
> riere denselben vorher gut durch Zusammenlegen in einen
> Haufen und durch gründliches Wenden und Mischen.
> Mische dabei die kühlen Außenseiten mit dem heißen
> Inneren zusammen, sodass der Dung überall gut fermen-
> tiert und seine Giftstoffe entweichen.

McPhail gab, ohne Kenntnis der mikrobiologischen und biochemischen Vorgänge, die sich im frischen Dung abspielen, Hinweise für eine nahezu perfekte Fermentation des Substrates für den Champignonanbau.

Bereits im Jahre 1780 wusste man, dass Champignons auch ohne Licht gedeihen, doch es dauerte noch ungefähr weitere 30 Jahre, bis die Franzosen begannen, Stollen und Kasematten im Pariser Umland für die Champignonkultur zu nutzen. Dazu gibt es auch eine interessante kleine Geschichte, die ich einer Veröffentlichung meines viel zu früh verstorbenen Freundes und angesehenen Pilzwissenschaftlers Professor Klaus Grabbe entnommen habe. Dieser berichtet, dass sich ein Deserteur der napoleonischen Armee namens Nicholas samt seinem Pferd mehrere Wochen lang in einer der zahlreichen Höhlen in der Umgebung von Paris versteckt und gesehen habe, dass auf dem Pferdemist Champignons wuchsen. Die cleveren Gärtner schlossen daraus, dass in unterirdischen Gewölben und Kellern besonders günstige Bedingungen für die Kultivierung des Pilzes herrschen müssten. Fakt ist, dass in der ersten Hälfte des 19. Jahrhunderts bereits die meisten Pariser Höhlen und Kasematten für die Champignonkultivierung genutzt wurden. Dabei fermentierte man Stapel von Pferdedung, die anschließend auf dem Boden der Höhlen zu Spitzbeeten geformt und mit Sporen und Fruchtkörperstücken des wild wachsenden Champignons beimpft wurden. In der Folgezeit erlangte der Champignon unter dem Namen „Champignon de Paris" große Bekanntheit, und seine Kultivierung hat sich im Laufe der Zeit in fast allen Ländern der Erde durchgesetzt.

Die ersten speziellen Kulturhäuser, in denen man die Champignons auf Stellagen und in Behältern in mehreren Lagen übereinander anbaute, entstanden in Deutschland Mitte des 19. Jahrhunderts. Diese Häuser wurden bereits beheizt, sodass eine ganzjährige Produktion möglich war. In den Niederlanden legte man 1825, in den USA um 1865 die ersten Champignonkulturen an. Anfang des 20. Jahrhunderts entstanden überall in Europa und in den USA große Champignon-Anbaubetriebe, die nach streng geheim gehaltenen Methoden, aber nur mit wechselhaftem Erfolg arbeiteten. Erst in der zweiten Hälfte der 1930er-Jahre, als sich Wissenschaftler weltweit der Erforschung der Biologie des Champignons und der Probleme der Kulturtechnologie zugewandt hatten, setzte eine unerwartete, nahezu explosionsartige Entwicklung ein, die schließlich zu dem heutigen, biotechnologisch ausgeklügelten, Champignonanbau führte, der in seinem Flächenertrag und Erlös alle anderen Bereiche der Lebensmittelerzeugung bei Weitem übertrifft.

Wegen der umständlichen Substratherstellung und der sehr anspruchsvollen baulichen und technischen Voraussetzungen, muss viel Geld investiert werden, um eine wettbewerbsfähige Champignonproduktion zu etablieren. Aus diesem Grund ist der moderne Champignonanbau in afrikanischen Ländern, aber auch in Arabien, Südamerika, Süd- und Südostasien, kaum vertreten. Welche Entwicklung dieser Produktionszweig in den letzten 40 Jahren durchlief, kann ich anhand eines Beispiels aus meiner eigenen Berufserfahrung verdeutlichen.

Mitte der 1970er-Jahre haben wir in Krefeld eine neue Versuchsanstalt für Pilzanbau der Landwirtschaftskammer Rheinland errichtet, deren wichtiges Ziel darin bestand, die Kulturtechnologie des Champignons voranzubringen und in deren Rahmen wir laufend neue Champignonkulturen anlegten und untersuchten. Wenn unsere Kulturen gut fruchteten, konnten wir innerhalb einer fünfwöchigen Ernteperiode bis zu 17–19 kg Champignons je Quadratmeter Kulturfläche pflücken. Diese Erträge waren zufriedenstellend bis gut. Doch würde ein solches Ergebnis heutzutage schnurgerade in die Pleite führen. Wenn nämlich der heutige Champignonanbauer innerhalb einer nur zweiwöchigen Ernteperiode nicht 26–32 kg Pilze pro Quadratmeter Kulturfläche pflücken kann, sollte er sich auf Champignons besser gar nicht einlassen (Abb. 2.6).

Obwohl Champignons in Deutschland seit Mitte des 19. Jahrhunderts kultiviert werden und wir mit einem Konsum von ca. 2,8 kg dieses Edelpilzes pro Kopf und pro Jahr zu den führenden Nationen in Europa zählen, ist die hiesige Produktion vergleichsweise bescheiden. Sie betrug im Jahr 2013 knapp 62.000 t und erhöhte sich bis 2016 auf 70.000 t.

Die meisten Champignons werden aus den Nachbarländern eingeführt, weshalb das Angebot in gut sortierten Supermärkten durchaus reichhaltig ist. So verwundert es auch nicht, dass der Pilz für den deutschen Durchschnittskonsumenten, den er ganzjährig kaufen kann, klein, weiß und rund ist – wie ein Champignon eben. Und weil derselbe Konsument grundsätzlich vorsichtig und misstrauisch ist, haben in Deutschland andere schmackhafte Kulturpilze, wie der Austernpilz, der Shii-take oder der

Abb. 2.6 Ansicht einer modernen Champignonkultur

Kräuterseitling, einen schweren Stand. Die sind nämlich
dunkel, oft auch groß und überhaupt nicht rund. Eine
Ausnahme bilden Pfifferlinge und auch die gelegentlich
erhältlichen Steinpilze, weil man diese seit Langem kennt –
wurden sie doch schon von den Eltern und Großeltern
gesammelt, besonders nach dem Krieg, als es noch wenig
zu essen gab. Aber der Kulturchampignon ist unangefochten des Deutschen Lieblingspilz und auch immer noch die
Nummer eins in der gesamten westlichen Hemisphäre.

Der Austernpilz

Zum Schluss möchte ich von den Austernpilzen (Abb. 2.7)
sprechen, obwohl sie mit einem Anteil von 27 % an der
Weltproduktion nur die zweitgrößte Gruppe unter den Big

Abb. 2.7 Austernpilze *(Pleurotus ostreatus)* sind größer, dunkel und eher flach, weshalb man ihnen anfangs mit Misstrauen begegnete

Five repräsentieren. Aber Austernpilze sind Pilze für jedermann: vom Dreisternekoch Alan Ducasse aus dem Plaza Athénée in Paris bis zu Lucy Marimirofa, einer Bäuerin aus Leidenschaft in Simbabwe. Austernpilze verkörpern geradezu die Metamorphose organischer Abfälle in hochwertige menschliche Nahrung.

Austernpilze sind saprobiontisch lebende totholzbewohnende Weißfäulepilze, mit einer herausragenden Lignin-Abbaufähigkeit. Die ersten Anbauversuche mit dem Austernseitling, wie er auch oft genannt wird, führte auf Holzunterlagen Constantin Matruchot im Jahre 1894 in Frankreich durch. In Deutschland hat man sich 1912 zum ersten Mal mit der Austernpilzzucht befasst, und fünf Jahre später konnte man hierzulande bereits ein Austernpilz-Inokulum, das heißt eine Beimpfungskultur, kaufen, die auf sterilem Stroh erzeugt wurde. Publizierte Berichte über die *Waldkultur des Austernpilzes* stammen vom Chemiker und Mykologen Robert Falck aus den Jahren 1917 und 1919. Aber die Kultivierung der Austernpilze blieb nicht lange nur auf Naturholz beschränkt; schon vor rund 100 Jahren wurden Alternativsubstrate aus Gemischen von Maismehl, Stärke, Holz und Torf erprobt.

Dennoch forcierte man zunächst weiter die konventionelle Methode. Dabei verdient der Thüringer Förster Walter Luthardt besondere Erwähnung, der Ende des Zweiten Weltkrieges sehr erfolgreich ausgedehnte Austernpilzkulturen auf Holzunterlagen anlegte und dadurch einen nennenswerten Beitrag zur seinerzeit ziemlich ärmlichen Nahrungsmittelversorgung der örtlichen Bevölkerung leistete. Der Anbau von Austernpilzen auf Holzunterlagen ist in Deutschland auch heute noch aktuell, aber nur im Kreise von Hobbygärtnern, die mithilfe dieser einfachen und kostengünstigen Methode Pilze für den Eigenbedarf erzeugen.

Weltrang erlangte der Austernpilz namentlich durch die Entdeckung, dass er auch auf der Grundlage unterschiedlichster lignocellulosehaltiger pflanzlicher Rest- und Abfallstoffe erfolgreich kultiviert werden kann.

Die Amerikaner S. S. Block, George Tsao und Lungwha Han berichteten im Jahre 1958 zum ersten Mal über den erfolgreichen Anbau von Austernpilzen auf der Grundlage von sowohl sterilem als auch nicht sterilem Sägemehl vom Balsabaum *(Ochroma pyramidale)*. In Ungarn aber war es, wo sich die Entwicklung eines praktikablen Verfahrens für den kommerziellen Anbau vollzog. So gelten die Brüder Ernö und László Tóth sowie Ede Véssey und Imre Heltay als die Väter der intensiven großtechnischen

Austernpilzkultivierung. Sie haben vor knapp 60 Jahren mit ihrer Arbeit begonnen und bereits nach kurzer Zeit die industrielle Produktion des Austernpilzes in Ungarn – und bald danach auch in Italien – eingeführt. Erwähnenswert dabei ist, dass aus diesen Entwicklungen schließlich das sogenannte HTTV-Verfahren hervorging – ein Verfahren zur Erzeugung eines Austernpilz-Substrates, das in vielen Ländern der Welt patentiert wurde.

In Deutschland habe ich als Erster das HTTV-Verfahren angewendet. Vor gut 45 Jahren begann ich in einem stillgelegten Gewächshaus bei Köln, zusammen mit meinen Partnern, dem Juristen Dr. Josef und dem Installateurmeister Wilhelm Stark, Austernpilze zu züchten. Wir verwendeten Weizenstroh und verkauften unsere Ernte an Spitzenrestaurants der Stadt. Bald danach nahm in einer stillgelegten Malzfabrik in Krefeld ein weiterer Betrieb die Austernpilzproduktion auf. Olaf Brodd, der diesen Betrieb leitete, betrieb erstmalig in Deutschland eine gezielte Kundenwerbung für Austernpilze und schaffte es mit kontinuierlichen Lieferungen, konsequenter Preispolitik und gleichbleibend guter Pilzqualität, dass die Produktion bis auf 100.000 kg jährlich gesteigert werden konnte. Diese Entwicklung mündete schließlich in die Entstehung der weltgrößten Produktionsstätte für Austernpilze in Bayern, im oberpfälzischen Weiden. Einschlägigen holländischen Untersuchungen zufolge war es damals so, dass 29 % der deutschen Hausfrauen den Austernpilz dem Namen nach bereits kannten, 22 % konnten ihn anhand eines Fotos identifizieren und 10 % der Befragten haben wenigstens einmal Austernpilze zubereitet. Inzwischen ist der Austernpilz hierzulande zum festen Bestandteil der

Angebotspalette von Speisepilzen geworden, wenn auch
der Verbrauch weit hinter dem des Champignons zurückbleibt. Aber die deutsche Produktion machte gleichzeitig
eine wechselhafte Entwicklung durch; erfolgreiche Produzenten verschwanden und neue traten auf die Bühne. Im
Ergebnis werden heute hierzulande nach wie vor nur so
viele Austernpilze kultiviert wie schon im ausgehenden 20.
Jahrhundert.

Andernorts nahm die Austernpilzkultivierung eine völlig
andere Entwicklung. Ihr Anbau erhöhte sich weltweit von
1997 bis in die Gegenwart um mehr als 600 % auf rund
7,5 Mio. t. Allein in der Volksrepublik China werden über
85 % dieser Produktionsmenge, knapp 6,4 Mio. t, erzeugt.
Weitere bedeutende Produzenten sind Japan, Südkorea,
Thailand, Vietnam und Indien. Es gibt in Asien noch weitere, kleinere wie größere, Produzenten, von Nepal bis
Nordkorea, von den Philippinen bis nach Afghanistan und
von der Türkei bis nach Laos. Während in China bevorzugt
der Winterausternseitling *(Pleurotus ostreatus)* und der Rillstieliger Seitling *(P. cornucopiae)* angebaut werden, ziehen die
Japaner den Kräuterseitling *(P. eryngii)* vor. In Europa gelten
Italien, Spanien und Ungarn als die bedeutendsten Erzeugerländer. Hier, wie auch in den USA und Kanada, werden
der Winterausternseitling, der Taubenblaue Austernseitling *(P. ostreatus v. columbinus),* der Sommerausternseitling
(P. pulmonarius) und ebenfalls der Kräuterseitling kultiviert.

Man trifft Austernpilze aber auch in Afrika an, wo sie
oft unter äußerst einfachen Bedingungen, in kleinem
Maßstab auf dörflicher Ebene, erzeugt werden, besonders
in Südafrika und Nigeria. In Letzterem ist eine tropische
Austernpilzart *(Plurotus tuber-regnum)* weitverbreitet, für

die man kaum deutschsprachige Literatur findet und für die es auch nur eine englische Bezeichnung gibt: King Tuber.

Kein umfassendes Datenmaterial, nicht einmal von der FAO, ist über den Austernpilzanbau aus Lateinamerika verfügbar; auch Informationen über die dortige Pilzproduktion im Allgemeinen sucht man vergeblich. Nur aus verstreuten Literaturhinweisen ist bekannt, dass zumindest in Mexiko und Argentinien ebenfalls Austernpilze kultiviert werden.

Austernpilze sind nach meiner Überzeugung die Schlüsselorganismen für eine umfassende Umwandlung pflanzlicher Rest- und Abfallstoffe in wertvolle menschliche Nahrung. Diese Auffassung lässt sich durch folgende Fakten untermauern:

- Die große Variabilität der Gattung *Pleurotus*. Es gibt weltweit für nahezu alle Klimaregionen passende Austernpilze.
- Austernpilze sind sehr anspruchslos. Als Substrat sind lignocellulosehaltige pflanzliche Reststoffe nahezu ausnahmslos geeignet. Konkrete Erfahrungen liegen vor mit Silberhaargras *(Imperata cylindrica)* aus Asien, insbesondere aus Indonesien, mit Bananenblättern und zerkleinerten Bananen-Scheinstämmen *(Musa spp.)* sowie mit den Schalen und der Faserschicht der Kokosnuss *(Cocos nucifera)* aus diversen tropischen Ländern; aus Mexiko insbesondere mit Kaffeepulpa und Kaffeebohnenschalen *(Coffea spp.)*; mit Elefantengras *(Pennisetum purpureum)* aus Sambia, mit Maniokblättern und -ästen *(Manihot esculenta)* aus verschiedenen Gegenden Afrikas

und Südostasiens und schließlich weltweit mit dem Stroh und den Stängeln diverser kultivierter Getreidearten bis hin zu Maiskolben und den Stängeln von Hülsenfrüchten – und damit ist die Liste der erfolgreich verwendeten pflanzlichen Reststoffe noch lange nicht vollständig.

- Austernpilze sind Primärzersetzer erster Güte. Als Substrat verwendete pflanzliche Reststoffe bedürfen nur in der Startphase der Kultivierung eines Schutzes vor Kontamination.
- Austernpilze besiedeln schnell das Substrat, fruchten nach wenigen Wochen und bringen ergiebigen Ertrag.

Aus all diesen Gründen ist die Kultivierung von Austernpilzen ganz besonders in Entwicklungs- und Schwellenländern angezeigt.

- Die Austernpilzproduktion ist eine nützliche, gewinnbringende Beschäftigung in ländlichen Regionen.
- Die Austernpilzproduktion gibt auch landlosen Bauern und Landfrauen Arbeit sowie die Möglichkeit, durch Vermarktung der Pilze ihren Lebensunterhalt zu verbessern.
- Austernpilzkulturen können in Kleinstmaßstab sowohl in menschlichen Behausungen als auch im Freien, jedoch überdacht, angelegt werden.
- Schließlich verbessert der Austernpilz die Nahrungsmittelversorgung im Allgemeinen und die Qualität der Ernährung im Besonderen.

Es gibt zahlreiche Möglichkeiten, Austernpilze einfach zu kultivieren. Eine dieser Möglichkeiten besteht aus folgenden Arbeitsschritten:

- Zerkleinerung des für den Anbau vorgesehenen Pflanzenmaterials in drei bis vier Zentimeter lange Stücke.
- Befeuchtung mit Wasser, bis durch mäßigen Druck in der geballten Hand etwas Feuchtigkeit aus dem Material herausgepresst werden kann.
- Einfüllen des feuchten Materials in Plastiksäcke mit 5 bis 20 kg Inhalt, je nach Verfügbarkeit und Verschließung der Säcke.
- Erwärmung der mit Substrat gefüllten Säcke für mehrere Stunden auf 70 bis 90 °C.
- Abkühlung der Substratsäcke, danach Öffnung und Zugabe der Pilzbrut, die aus einer steril hergestellten Myzelkultur des Austernpilzes besteht; die Pilzbrut wird zugekauft.
- Erneute Verschließung der Substratsäcke und Aufstellung an einer wind- und sonnengeschützten Stelle, zwischen 20 und 30 °C, bis der Inhalt vom weißen Myzel des Austernpilzes komplett besiedelt ist; Dauer ca. zwei bis drei Wochen.
- Perforierung der Substratsäcke durch Einschnitte oder Stanzen in Abständen von etwa 15 mal 15 cm.
- Kurz danach beginnt durch die Öffnungen am Substratsack die Bildung der Pilzfruchtkörper.
- Abschneiden oder Abbrechen der Fruchtkörper vom Substrat, wenn sich der Rand der Pilzhüte noch leicht nach unten neigt.

An der Versuchsanstalt für Pilzanbau in Krefeld haben wir uns in zwei Studien mit der Verbesserung der Voraussetzungen für eine Austernpilzkultivierung in Entwicklungsländern beschäftigt. Eine dieser Studien zielte auf die Vereinfachung und Verbilligung der Substratherstellung ab und wurde im Rahmen der Promotion unserer Mitarbeiterin Frau Ursula Schies durchgeführt. Dabei ging es um den Ersatz der Hitzebehandlung des Substrates, deren Zweck es ist, die im Pflanzenmaterial vorhandenen Schadorganismen (Schimmelpilze) und Schädlinge (Insektenlarven, Milben) abzutöten, um dem Austernpilz ein konkurrenzloses Milieu zu schaffen. Die Hitzebehandlung ist sehr energieaufwendig; diesen Aufwand wollten wir durch unsere Studie signifikant reduzieren. Das gelang uns schließlich mit der sogenannten semianaeroben Fermentation, die im Grunde nichts anderes ist als eine leichte Vergärung des Substrates unter weitgehendem Ausschluss von Sauerstoff. Man kann die semianaerobe Fermentation sowohl im kleinen Maßstab als auch großtechnisch durchführen, wobei weit weniger Energie benötigt wird als bei herkömmlichen Methoden. Daher ist sie besonders für den Einsatz in Entwicklungsländern geeignet (Abb. 2.8).

Als Ausgangsmaterial haben wir Weizenstroh verwendet, das auf etwa drei Zentimetern Länge gehäckselt und in einem Behälter unter Wasser getaucht wird. Dem Wasser gaben wir 100 ppm des systemischen Fungizides Benomyl ($C_{14}H_{18}N_4O_3$) zu. Das Wasser wurde nach zehn Tagen abgelassen und das Stroh konnte bereits vier Stunden später mit Austernpilzbrut beimpft werden. Im Wasser durchlief das Stroh einen Gärungsprozess; der pH-Wert sank von ursprünglich 7,3 auf 6,0 und die

Abb. 2.8 Austernpilze *(Pleurotus ostreatus)*, kultiviert im Freien auf semianaerob fermentiertem Strohballen

CO_2-Konzentration hat sich unmittelbar über der Wasseroberfläche erhöht. Die im Stroh ursprünglich vorhandenen Schädlinge (Nematoden und Gallmückenlarven) wurden vollständig abgetötet, und die im Wasser aktiven lignin- und celluloseabbauenden Mikroorganismen haben die Struktur des Strohs leicht aufgeschlossen. Mithilfe der semianaeroben Fermentation haben wir einen mittleren Ertrag von 15 kg Frischpilzen auf 100 kg des verwendeten Substrates erreicht. Von dem eingesetzten Fungizid konnten nur 0,08 ppm Rückstände in den Pilzen nachgewiesen werden. Der Wert war um mehr als das Zehnfache geringer als die in pflanzlichen Lebensmitteln zulässigen Höchstmengen, die je nach Produkt zwischen 0,1 und 0,5 ppm liegen.

Unsere zweite Studie – mit der unsere Mitarbeiterin Frau Margarethe Kress promoviert wurde – hatte zum Ziel, die Haltbarmachung von geernteten Austernpilzen unter einfachen, häuslichen Bedingungen, ohne Kühlung, mithilfe einer geeigneten Milchsäuregärung zu gewährleisten. Das Verfahren sollte den in tropischen und subtropischen Ländern herrschenden Temperaturverhältnissen angepasst sein. Es hat sich herausgestellt, dass Austernpilzfruchtkörper unter anaeroben Bedingungen auch spontan, ohne Zuckerzusatz, eine Milchsäuregärung durchlaufen. Bereits sechs Stunden nach Prozessbeginn trübte sich die Gärungslake ein und ihr pH-Wert fiel rapide. Dabei haben sich in großem Umfang Milchsäurebakterien gebildet und andere Mikroorganismen wurden weitgehend zurückgedrängt. Sieben Tage nach Prozessbeginn war jedoch die sensorische Qualität der Pilze unbefriedigend, weshalb die Technologie verbessert werden musste.

Zunächst ließ sich der Prozess durch die Variation der Gärtemperatur und durch eine Zugabe von Kochsalz zur Gärungslake beeinflussen; als optimale Gärtemperatur erwiesen sich 21 °C und als beste Gärungslake eine einprozentige Kochsalzlösung. Besonders vorteilhaft wirkte sich die Verwendung von Starterkulturen für den Gärungsprozess aus; als solche haben sich Weißkohlblätter bewährt. Die Vergärung von Austernpilzen zwischen Lagen frischen Weißkohls führte schließlich zum besten Ergebnis. Mit der Studie gelang es uns, ein einfaches Verfahren zu entwickeln, wodurch ein geschmacklich akzeptables und mikrobiell unbedenkliches Produkt entstanden ist. Auf diese Weise konservierte Pilze können bei Raumtemperatur bis zu sechs Monate gelagert werden.

In tropischen und subtropischen Ländern werden Nahrungsmittel traditionell häufig mithilfe mikrobieller Prozesse be- und verarbeitet. Deshalb sind wir zuversichtlich, dass in diesen Ländern auch die Konservierung von Austernpilzen mittels Milchsäuregärung auf breite Akzeptanz stößt.

Der Hochschuldozent und Entwicklungsberater der Universität von Simbabwe Canford Chiroro beschäftigt sich schon seit Jahren mit dem Pilzanbau und dessen Auswirkungen auf die soziale und wirtschaftliche Entwicklung in den ländlichen Regionen von Simbabwe sowie Malawi und Tansania. In einer Publikation schreibt Chiroro Folgendes im Hinblick auf die Pilzkultivierung Simbabwes.

Die Pilzkultivierung könnte eine Lösung für die Verringerung der Armut in ländlichen Regionen sein. Anders als bei anderen landwirtschaftlichen Produkten sind die Kosten für die Etablierung der Pilzproduktion gering, denn es werden keine Düngemittel, Maschinen und Pestizide benötigt. Der Marktpreis der Pilze ist relativ hoch und die Gewinnmargen können bedeutend höher ausfallen als bei traditionellen landwirtschaftlichen Produkten. Die Kulturanlage beansprucht wenig Platz und kann schon nach kurzer Zeit Einnahmen generieren.

Die Bauern in Simbabwe, die sich mit landesüblichen Produkten wie Mais oder Weizen beschäftigen, benötigen im Durchschnitt vier Monate, um den Ertrag einfahren zu können. In derselben Zeit können mindestens zwei Austernpilzkulturen angelegt und beerntet werden. Unter Berücksichtigung dieses Szenarios gestaltet sich die

Tab. 2.1 Vergleichende Profitabilität von Mais, Weizen und Austernpilz in Simbabwe Dollar (ZWD). 1 ZWD = 0,002 EUR, April 2017. (Nach Chiroro 2004)

	Mais	Weizen	Austernpilz
Bruttoeinkommen	ZWD 1.050.000	ZWD 2.000.000	ZWD 2.400.000
Voraussichtlicher Ertrag	3 t/ha	5 t/ha	240 kg/20 m^2
Durchschnittspreis	ZWD 350.000/t	ZWD 400.000/t	ZWD 10.000/kg
Gesamtkosten	ZWD 531.500	ZWD 860.000	ZWD 697.000
Arbeitskosten	ZWD 60.000	ZWD 25.000	Arbeitskosten ZWD 50.000
Feldbearbeitung	ZWD 26.000	ZWD 25.000	Brennholz ZWD 20.000
Saatgut	ZWD 35.000	ZWD 10.000	Pilzbrut ZWD 180.000
Dünger	ZWD 285.000	ZWD 580.000	Plastiksäcke ZWD 12.000
Pestizide	ZWD 40.500	ZWD 45.000	Stroh ZWD 120.000
Transportkosten	ZWD 40.000	ZWD 55.000	Desinfektion ZWD 15.000
Abgaben	ZWD 12.000	ZWD 10.000	Gebäudekosten ZWD 300.000
Sonstige Kosten	ZWD 33.000	ZWD 110.000	
Nettoeinkommen	**ZWD 518.500**	**ZWD 1.140.000**	**ZWD 1.703.000**

Wirtschaftlichkeit dieser drei Produkte, wie in der Tab. 2.1 dargestellt wird.

2.3 Zukunft mit Pilzen meistern

Betrachtet man die Herausforderung, die auf die Menschheit im Allgemeinen und auf die Bewohner der Entwicklungsländer im Besonderem zukommen wird, ist es nicht leicht, optimistisch zu sein.

Einer UN-Prognose sowie Vorhersagen der Deutschen Stiftung Weltbevölkerung zufolge wächst die Weltbevölkerung weiter und soll bis 2050 die Neun-Milliarden- und bis zum Ende des Jahrhunderts die Elf-Milliarden Grenze überschreiten. Das bei Weitem größte Bevölkerungswachstum weisen die Entwicklungsländer Afrikas und Südostasiens auf. Im Falle von Afrika wird befürchtet, dass die Einwohnerzahl von heute 1,2 Mrd. bis 2100 auf drei Milliarden – wenn nicht sogar auf sechs Milliarden – ansteigen könnte. In einem Bericht der Frankfurter Allgemeinen Zeitung vom 17. April 2017 wird die Geschäftsführerin der Deutschen Stiftung Weltbevölkerung, Renate Bähr, wie folgt zitiert:

In Ländern wie Malawi, Niger und Uganda werden bis 2100 voraussichtlich mindestens fünfmal mehr Menschen leben als heute, vorausgesetzt, dass die Fertilitätsraten in diesen Ländern zurückgehen (…) Wenn die Bevölkerung weiter so schnell wachsen würde wie heute, wären es zum Beispiel in Uganda mehr als 30-mal so viele Menschen.

Das explosionsartige Bevölkerungswachstum spielt sich also ausgerechnet dort ab, wo die Erzeugung von genügend

Nahrungsmitteln auch heute schon problematisch, ja zum Teil unmöglich ist.

Mit der Bevölkerungsexplosion geht weltweit eine permanente Verringerung der landwirtschaftlich nutzbaren Flächen einher – weniger durch Bebauung als durch fortschreitende Versteppung und Wüstenbildung. Einer Statistik der FAO zufolge standen 1950 für die damalige Weltbevölkerung von 2,8 Mrd. Menschen 5100 m² landwirtschaftliche Nutzfläche pro Kopf zur Verfügung. Bis 2000 hat sich die Weltbevölkerung auf rund sechs Milliarden erhöht und die verfügbare landwirtschaftliche Nutzfläche auf 2700 m² je Einwohner verringert. Für die voraussichtlich neun Milliarden Menschen im Jahre 2050 werden pro Kopf nur noch 2000 m² Agrarfläche zu Verfügung stehen. Christian Schmidt, Bundesminister für Ernährung und Landwirtschaft, sagte anlässlich der Eröffnung der 82. Grünen Woche, der weltweit größten Nahrungsmittelmesse, am 19. Januar 2017 in Berlin, dass für 2050 eine Weltbevölkerung von bis zu zehn Milliarden Menschen prognostiziert wird:

> Um die Menschen ernähren zu können, werden 60 % mehr Lebensmittel als heute produziert werden müssen.

Die landwirtschaftliche Erzeugung auf den weltweit immer kleiner werdenden verfügbaren Ackerflächen gerät jedoch durch die Auswirkungen des Klimawandels in immer größere Schwierigkeiten. Es ist eine schier ausweglose Situation. Deshalb ist es unumgänglich, auch unkonventionelle Nährstoffquellen, wie z. B. Algen, zu erschließen. Aber noch wichtiger ist es meiner Meinung nach, die Rest- und Abfallstoffe aus dem weltweiten Pflanzenbau, insbesondere aus der Pflanzenproduktion der Entwicklungsländer, sinnvoll zu verwerten – sprich: sie zum Nahrungsmittel umzuwandeln. Hierbei kommt der Kultivierung von Speisepilzen, und unter ihnen ganz besonders den Austernpilzen, eine herausragende Bedeutung zu. Man könnte damit riesige Mengen von Pilzbiomasse erzeugen, wenn nur die Politik und die Wissenschaft der Biokonversion von pflanzlichen Reststoffen mehr Aufmerksamkeit schenken würden. Diese Aussage wird durch die Ergebnisse einer Studie gestützt, die wir im Rahmen der Diplomarbeit von Katharina Mandrysch an der Landwirtschaftlichen Fakultät der Universität Bonn durchgeführt haben und die ich abschließend noch kurz vorstellen möchte.

Die Fragestellung dieser Studie war, welche Mengen von Pilzbiomasse jährlich erzeugt werden könnten, wenn wir unterstellen, dass die Rest- und Abfallstoffe der wichtigsten Kulturpflanzen in den armen Ländern Afrikas, Asiens und Lateinamerikas als Substrat für den Pilzanbau verwendet würden. Gestützt auf FAO-Statistiken haben wir zunächst die jährlichen Produktionsmengen der wichtigsten Nutzpflanzen in diesen Regionen ermittelt; aufgrund entsprechender Literaturangaben haben wir die zu erwartenden durchschnittlichen Rest- und Abfallstoffmengen kalkuliert. Von den Kulturpilzen zogen wir den Austernpilz, den Kulturchampignon, den Shii-take und den Strohpilz *(Volvariella volvacea)* als mögliche Reststoffverwerter in Betracht. Ebenfalls auf der Grundlage umfangreicher Literaturrecherchen ermittelten wir schließlich die Bandbreite – die geringste wie auch die höchste – der biologischen Effizienz (BE), die Pilze auf den verschiedenen Pflanzenresten leisten könnten. Die biologische

Tab. 2.2 In den Entwicklungsländern erzeugbare Pilzbiomasse auf der Grundlage der in Pflanzenproduktion anfallenden Rest- und Abfallstoffe. (Nach Mandrysch 2010, verändert)

Pflanzliche Rest- und Abfallstoffe, potenziell geeignet	Reststoff Trockenmasse in Mio. Tonnen	Austernpilze geringe Ausbeute gute Ausbeute in Mio. Tonnen		Kulturchampignon geringe Ausbeute gute Ausbeute in Mio. Tonnen		Shii-take geringe Ausbeute gute Ausbeute in Mio. Tonnen	
		BE 40 %	BE 67 %	BE 49 %	BE 94 %	BE 43 %	BE 56 %
Bananenblätter	46,4	18,6	31,1	Nur bedingt geeignet	Nur bedingt geeignet	Nur bedingt geeignet	Nur bedingt geeignet
Kokosfaser	271,6	108,5	182,0	Nur bedingt geeignet	Nur bedingt geeignet	Nur bedingt geeignet	Nur bedingt geeignet
Kaffeepulp	1,2	0,5	0,8	Nur bedingt geeignet	Nur bedingt geeignet	Nur bedingt geeignet	Nur bedingt geeignet
Maiskolben	448,9	179,5	300,7	219,9	421,9	193,0	251,4
Maisstängel	199,5	79,8	133,6	97,8	187,5	85,8	111,7
Baumwollabfall	178,6	71,4	119,7	87,5	167,9	76,8	100,0
Hirsenstroh	37,8	15,1	25,3	Nur bedingt geeignet	16,2	21,1	
Reisstroh	808,1	323,2	541,4	396,0	759,6	347,5	452,5
Sojabohnenstroh	33,1	13,2	22,2	Nur bedingt geeignet	14,2	18,5	
Zuckerrohrbagasse	149,0	59,6	99,8	73,0	140,0	64,1	83,4
Zuckerrohrspitzen	55,3	22,1	37,1	27,1	52,0	23,8	31,0
Weizenstroh	251,5	100,6	168,5	123,2	236,4	Nur bedingt geeignet	
Erzeugbare Pilzbiomasse in Mio. t		999,2	1661,6	1024,5	1965,4	821,4	1069,7

Effizienz gibt die Menge frischer Pilzbiomasse an, bezogen auf 100 kg Substrattrockenmasse. Die Ergebnisse dieser Studie sind in Tab. 2.2 zusammengefasst, jedoch ohne die Werte für den Strohpilz, der eher nur eine regionale Bedeutung in Südostasien hat. Doch auch ohne ihn sind die Ergebnisse beeindruckend. Von Austernpilzen könnten auch unter suboptimalen Bedingungen nahezu eine Milliarde Tonnen, vom Kulturchampignon noch etwas mehr und vom Shii-take über 800 Mio. t Biomasse allein auf der Grundlage von den in Entwicklungsländern jährlich anfallenden Pflanzenresten erzeugt werden.

2.4   Schlussbetrachtung

Ohne der nachfolgenden ausführlichen Betrachtung über den Wert der Pilze als Nahrungsmittel vorzugreifen, möchte ich hier noch einige Argumente meiner Diplomandin Katharina Mandrysch vorstellen, mit denen sie für eine Ausweitung der Pilzproduktion und für einen höheren Pilzkonsum in den Entwicklungsländern plädiert.

Die empfohlene tägliche Proteinaufnahme ist vom Alter, Gewicht, Geschlecht und von der Intensität der körperlichen Arbeit abhängig. Bei Frauen steigt der Bedarf an Proteinen während der Schwangerschaft und der Stillzeit, und auch Kinder benötigen in der Wachstumsphase mehr Protein. Ferner steigt der Proteinbedarf während der Erholung von Mangelernährung, während einer Infektion und während starker körperlicher Beanspruchung.

Empfehlungen der Weltgesundheitsorganisation zufolge sollte der tägliche Proteinverzehr während einer moderaten bis intensiven körperlichen Aktivität 1,5 g bei Frauen und 2,2 g bei Männern pro Kilogramm Körpergewicht betragen. Das bedeutet für eine Frau von 60 kg Körpergewicht, die intensive Feldarbeit verrichtet, 90 g reinen Proteins täglich. Eine solche Bedarfsdeckung wird in den Entwicklungsländern aufgrund des Mangels an proteinreichen Nahrungsmitteln wie Fleisch, Eier und Milch oft nicht erreicht. Der Proteingehalt von Pilzen mit Durchschnittswerten zwischen 1,5 und 3,8 g pro 100 g frischen Fruchtkörpers ist leider nicht hoch genug, um sie als primäre Proteinquelle verwenden zu können. Um eine Aufnahme von beispielsweise 50 g Protein pro Tag zu erreichen, müsste man täglich, je nach verfügbaren Arten, 1,4 bis über 3,0 kg Pilze konsumieren.

Aber wegen der hohen Qualität des Pilzproteins, das alle essenziellen Aminosäuren enthält, sollten Pilze als Proteinquelle nicht vernachlässigt werden; besonders dann nicht, wenn sie als Zutat verwendet oder mit stärkebasierten Grundnahrungsmitteln gemischt werden können. Die unausgewogene Aminosäurezusammensetzung der pflanzlichen Kost, die in den Entwicklungsländern meistens verzehrt wird, kann durch Zumischung von Pilzen deutlich verbessert werden.

Die kontinuierliche Versorgung mit wichtigen Vitaminen und Mineralien zur Erhöhung der allgemeinen Gesundheit und zur Heilung der Folgen der Unterernährung ist ein wichtiger Aspekt. Kulturspeisepilze stellen eine überdurchschnittlich gute Quelle an Vitaminen des B-Komplexes dar. Eine regelmäßige Einnahme dieser Vitamine ist in Zeiten erhöhten Zellwachstums, wie z. B. bei Frauen in der Schwangerschaft und bei Kindern generell, angezeigt. Vitaminmangel, der in Entwicklungsländern oft beobachtet wird, kann irreparable Wachstums- und Entwicklungsstörungen verursachen. Auch im Hinblick auf den Mineralstoffgehalt gelten Kulturspeisepilze als wertvoll. Sie liefern in der üblichen Verzehrsportion von 100 bis 150 g bedeutende Mengen an Kalium, Eisen, Calcium, Zink, Selen und Magnesium. Kalium ist wichtig bei hohem Wasserverlust, verursacht durch Krankheiten wie Durchfall oder durch Schwitzen, das in den Tropen und Subtropen besonders ausgeprägt ist. In vielen Ländern mit einem hohen Anteil an unterernährten Menschen sind nur Grundnahrungsmittel verfügbar, die arm sind an Mikronährstoffen, insbesondere an Eisen und Zink, was zu einer Mikronährstoff-Mangelernährung insbesondere bei Frauen und Kindern führt. Die Einbeziehung von Kulturspeisepilzen in die Ernährung könnte eine wichtige Säule der Strategie zur Bekämpfung des Mikronährstoffmangels sein. So könnte der Pilzkonsum auch zur Steigerung der Immunabwehr und zur Verbesserung des allgemeinen Wohlbefindens beitragen.

Langfristig können Gesundheit und Fitness der Bevölkerung eines Landes die Produktivität steigern und letztlich dessen wirtschaftliche Situation verbessern. Eine systematische Speisepilzproduktion könnte in erster Linie das Einkommen der Familien verbessern und dadurch positive Auswirkungen auf die Landwirtschaft haben. Dieser Umstand könnte eine noch bessere Ernährung und damit eine weitere Steigerung der Produktivität zur Folge haben und schließlich eine positive Aufwärtsspirale einleiten.

Ohne Zweifel stellen die Einführung der Speisepilzkultivierung und die Verbreitung des Pilzkonsums in der

Bevölkerung der Entwicklungsländer große Herausforderungen dar. Obwohl es inzwischen auch zahlreiche positive Beispiele gibt, werden die Vorteile der Speisepilzerzeugung – sowohl für die Abfall- und Reststoffverwertung als auch aufgrund der verbesserten Gesundheit und des Wohlbefindens der Menschen – immer noch nicht hinreichend gewürdigt. Es wird aber höchste Zeit, auf diesem Gebiet auf breiter Front tätig zu werden.

3

Wer Pilze isst, lebt länger

3.1 Warum Pilze so gesund sind

Lass die Nahrung deine Medizin sein und Medizin deine Nahrung.

Sucht man nach diesem Spruch im Internet, bekommt man im deutschsprachigen Raum fast 240.000 Treffer. Er soll von Hippokrates von Kos (460–377 v. Chr.) stammen, einem griechischen Arzt, der vor mehr als 2400 Jahren lebte und als Begründer der wissenschaftlichen Medizin gilt. Definitiv wissen wir es aber nicht, ob Hippokrates diese weitsichtige, revolutionäre Empfehlung tatsächlich selbst aussprach. Das *Corpus Hippocraticum*, das viele Schriften, populärwissenschaftliche Lehrbücher, Notizen und Vorträge enthält und für Hippokrates'

© Springer-Verlag GmbH Deutschland 2018
J. I. Lelley, *No fungi no future*,
https://doi.org/10.1007/978-3-662-56507-0_3

eigenes Werk gehalten wird, stellt in Wahrheit eine Sammlung medizinischer Schriften dar, die zwischen dem fünften Jahrhundert v. Chr. und dem ersten Jahrhundert n. Chr. entstanden und in der Bibliothek von Alexandrien unter Hippokrates' Namen gesammelt wurden. Dabei lässt sich zu keiner einzigen Schrift der wahre Verfasser nachweisen. Allerdings, wie man in den Veröffentlichungen des Griechisch-Experten Egon Gottwein nachlesen kann, findet sich wohl im *Corpus Hippocraticum* ein Hinweis darauf, dass der Arzt Krankheiten durch Diät vorbeugen bzw. durch Diät heilen soll. Als wirksame Diät wird Gerstengrütze oder Schleimsuppe empfohlen.

Man hat also schon vor Jahrhunderten gewusst, dass die Ernährung eine wichtige Stütze der Gesundheit ist. Fachkundige brachten die Ernährung – besser gesagt die Kochkunst – und die Heilkunde schon in der Antike miteinander in Verbindung. Im *Diaeteticon* des Johann Sigismund Elsholtz aus dem Jahre 1682 wird der griechische Arzt Galenos mit folgendem Satz zitiert:

> Ich will nicht, daß ein Medicus der Kochkunst ganz unerfahren sey.

In anderen Werken wie der *Kuchenmaistrey,* etwa um 1485, im *Köstlich new Kochbuch* von 1597 und im *New Kochbuch* des Küchenchefs des Mainzer Erzbischofs, Max Rumpolt, aus dem Jahre 1581 werden ähnliche Auffassungen kundgetan. Am treffendsten dürfte sich Frantz de Rontzier, Küchenmeister des Herzogs von

Braunschweig-Wolfenbüttel, in seinem 1598 erschienen *Kunstbuch von mancherley Essen* zu diesem Thema geäußert haben:

> Und ist alzeit besser, wenn man aus der Küchen, als wenn man aus der Apoteken die medicin entfanget unnd gebraucht.

Auch die gesundheitsfördernde Wirkung eines maßvollen Essverhaltens war den einschlägigen Dokumenten zufolge seit Langem bekannt. So steht die noch heute geltende goldene Regel im *Diaeteticon* von Elsholtz:

> Wenn man sich zur Taffel sezet, meinen einige, man solle so viel essen, bis der Hunger völlig gestillet sei. Andern liegt im Sinn der Spruch von Hippokrates und deswegen wollen sie, dass man sich nicht ganz satt esset, sondern dass man vielmehr mit einem Rest des Hungers vom Tisch aufstehen solle.

Und wie sieht die heutige Faktenlage aus?

Wir essen uns krank

Mäßiges Essverhalten sucht man heutzutage oftmals vergeblich. Stattdessen bedroht Übergewicht als Gesundheitsrisiko weltweit immer mehr Menschen. Früher trat dieses Problem primär in den wohlhabenden Ländern auf, heute findet es sich auch in solchen, die weniger entwickelt sind. Besonders krass ist die Situation in Deutschland.

Obwohl sich Ärzte und Ernährungswissenschaftler darüber einig sind, dass eine falsche Ernährung zum Teil schwere gesundheitliche Folgen wie Koronarerkrankungen, Herzinfarkt, Altersdiabetes, Bluthochdruck, Gallensteine, ja sogar Krebs, haben kann und sie diese Fakten auch kommunizieren, scheinen die Warnungen weitgehend ungehört zu verhallen.

Mehr als jeder zweite Deutsche ist zu dick, schrieb der *Spiegel* im November 2014. Laut Angaben des Statistischen Bundesamtes waren 2013 hierzulande 62 % der Männer und 43 % der Frauen übergewichtig. Der Ernährungsbericht der Deutschen Gesellschaft für Ernährung (DEG) vom März 2017 konstatiert, dass in der Altersklasse der Berufstätigen das Dicksein heute keine Ausnahme, sondern Normalzustand ist. Und dies trifft stärker auf Männer zu, von denen am Ende des Berufslebens 74,2 % übergewichtig sind, während bei Frauen der Anteil „nur" bei 56,3 % liegt.

Als Berechnungsgrundlage für eine Gewichtsklassifikation wird der Body-Mass-Index (BMI) herangezogen, der das Verhältnis des Körpergewichts zur Körpergröße angibt. Der BMI berechnet sich aus dem Körpergewicht in Kilogramm geteilt durch die Körpergröße in Metern zum Quadrat. Der BMI-Index eines Normalgewichtigen liegt zwischen 18,5 und 24,9. Ab einem Index von 30 spricht man schon von Fettleibigkeit, genannt auch Adipositas, ersten Grades.

Und die Dicken werden immer dicker. Bei den über 65-jährigen Männern nahm der Anteil mit sehr ausgeprägter Adipositas, sprich einem BMI-Index von über 40, von 1999 bis 2013 um 300 % zu – bei Frauen um 175 %.

Unter den „fettesten Ländern" der Welt belegt Deutschland, unmittelbar hinter den USA, den vierten Platz und ist mit 66,5 % Übergewichtigen Europameister. Bedenklich ist, dass es den meisten hochgradig Übergewichtigen schwerfällt abzuspecken. Laut einem Beitrag des Fernsehsenders N-24 vom 4. November 2010 haben Fettsüchtige eine Chance von nur vier Prozent, zumindest so viel abzunehmen, dass sie in die Kategorie der „nur" Übergewichtigen fallen. Diese Relation soll sich seit 1971 nicht verändert haben.

Um hier endlich Abhilfe zu schaffen, ist es eminent wichtig, sich ausgewogen zu ernähren. Mit anderen Worten: Man sollte dem Organismus alle erforderlichen Nährstoffkomponenten in bedarfsgerechter Menge zuführen. Die Ernährung sollte alle Lebensfunktionen sicherstellen und damit auch zum Erhalt und zur Förderung der Gesundheit beitragen. Man hat von verschiedenen Seiten sogenannte Ernährungs- oder Lebensmittelpyramiden entwickelt. Diese stellen grafisch dar, in welchem Mengenverhältnis verschiedene Nahrungsmittel verzehrt werden sollten, um sich ausgewogen und gesund zu ernähren. Dabei nehmen bevorzugte Nahrungsmittel viel Platz im unteren, breiten Drittel der Pyramide ein, während sich die weniger erwünschten in der Spitze befinden (Abb. 3.1).

Das entscheidende Kriterium für die Positionierung eines Nahrungsmittels in einer Lebensmittelpyramide ist sein Nährstoffgehalt. Dieser ergibt im Kontext des Nährstoffbedarfs schließlich die Wertigkeit eines Lebensmittels für ein Individuum. Der Nährstoffbedarf von Kindern, Heranwachsenden, Frauen, Männern, Schwerarbeitern,

a

b

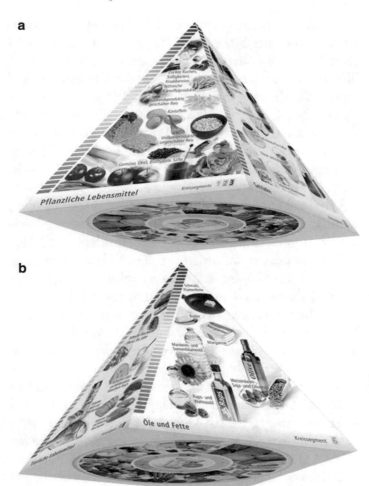

Abb. 3.1 Lebensmittelpyramide, **a** pflanzliche Lebensmittel, Getränke, **b** tierische Lebensmittel, Fette

◀ Erläuterungen: Die Dreidimensionale Lebensmittelpyramide der Deutschen Gesellschaft für Ernährung e. V. (DGE) veranschaulicht die Prinzipien einer vollwertigen Ernährung. Auf der Unterseite der Pyramide ist der DGE-Ernährungskreis abgebildet. Er teilt das reichhaltige Lebensmittelangebot in sieben Gruppen ein und erleichtert so die tägliche Lebensmittelauswahl. Je größer ein Segment des Kreises ist, desto größere Mengen sollten aus der Gruppe verzehrt werden. Lebensmittel aus kleinen Segmenten sollten dagegen sparsam verwendet werden.

Die Seitenflächen der Dreidimensionalen DGE-Lebensmittelpyramide geben durch die räumliche Anordnung der Lebensmittel die zusätzliche Information, welche Lebensmittel innerhalb der jeweiligen Gruppen zu bevorzugen sind: Lebensmittel an der Basis der Pyramidenseite gelten als besonders empfehlenswert, Lebensmittel in der Spitze als weniger empfehlenswert

Leistungssportlern und Senioren ist natürlich unterschiedlich. Und hinzu kommt noch ein weiterer Faktor: der Nährwert, der die tatsächlich verwertbaren Nährstoffe eines Nahrungsmittels angibt. Denn nur die tatsächlich verwertbaren Nährstoffe können für die Aufrechterhaltung aller Körperfunktionen eines Organismus sorgen.

Allerdings befindet sich die Ernährungswissenschaft in stetigem Wandel. Neuere Forschungen fördern neuere Erkenntnisse zutage. Was heute noch als unverrückbare Tatsache gilt, kann morgen schon ins Wanken geraten. Selbst fettreiche Kost könnte salonfähig werden, während andere Lebensmittel wie Kartoffeln, Nudeln und Reis in Verruf geraten. Nur ein Postulat bleibt unangefochten: Der häufige Verzehr von Obst, Gemüse und Salat gilt als hochwertig, gesundheitsfördernd und deshalb wünschenswert. Morgens Beeren im Müsli, mittags eine bunte Gemüsepfanne, zwischendurch ein Apfel und abends Rohkost. Obst und Gemüse gehören jeden Tag mindestens fünfmal auf den Tisch, empfiehlt die Deutsche Gesellschaft für Ernährung (DGE). Was man jedoch in den meisten Lebensmittelpyramiden vergeblich sucht, sind Speisepilze. Diese sind entweder überhaupt nicht vorhanden oder kommen, wie in einer Darstellung der DGE, nur marginal vor. Der Grund dafür ist schnell gefunden: Außer in Ost- und Südostasien haben Pilze als Nahrungsmittel seit Langem kein gutes Image.

Der bereits erwähnte Johann Sigismund Elsholtz hat in seinem *Diaeteticon* aus dem Jahre 1682 Pilze etwas lapidar als *„scharf schmeckend, würzig und süßlich"* bezeichnet. Der Arzt Steph. Blancardi schrieb 1706 in seinem Werk *Höchst nützliches und zu einem langwierigen Leben anleitendes Speise und Tisch Büchlein:*

Champions oder Schwämme allerlei Sorten sein besser gelassen als genossen, sintemal dieselben manchen Menschen um den Hals gebracht haben …

Diesen Text übernahm fast wortwörtlich knapp 40 Jahre später auch die damals bekannte Kochbuchautorin Susanna Egerin in ihrem Leipziger Kochbuch. Längst sind die Zeiten vorbei, als antike Dichter und Gelehrte Pilze als besondere Leckerbissen bezeichneten. Anderthalb Jahrtausende sind seitdem vergangen, dass der durch seine Epigramme berühmt gewordene römische Dichter Marcus Valerius Martialis (40–104) über Pilze schwärmte:

Silber und Gold, Mantel und Toga kann man leicht verschenken, schwer ist es aber auf Pilze zu verzichten.

Lange Zeit stand es überhaupt nicht zur Debatte, Pilze als gute, gesunde Nahrung zu betrachten – nicht einmal in der modernen Ernährungswissenschaft. Denn auch sie hat den Pilzen nur ein Schattendasein gewährt, begleitet von unspezifischen Empfehlungen wie: Wo Gemüse passt, passen auch Pilze – nur nicht zu viel. Doch selbst diese Auffassung war kein Allgemeingut. Deshalb verwundert es nicht, dass in einem Titelbeitrag des Magazins *Focus* im Sommer 2005, der eine „Mehr-essen-Diät" – das Abnehmen durch den reichlichen Konsum vor allem von Obst, Gemüse und Salat – anpries, Pilze überhaupt nicht vorkamen.

Erst seit den letzten Jahren vollzieht sich ein langsamer Wandel. Die vielen Aktivitäten von Einzelpersonen und Fachverbänden der Pilzwirtschaft, die auf eine angemessene Bewertung der Speisepilze als Nahrungsmittel gerichtet sind, zeigen inzwischen Wirkung. Champignons werden in der gastronomischen Fachpresse der USA und gelegentlich auch schon in den Medien als „Super Food" bezeichnen. Der Bund Deutscher Champignon- und Kulturpilzanbauer, die berufsständische Organisation der deutschen Speisepilzproduzenten, wirbt inzwischen intensiv für die gesundheitlichen Vorteile des Pilzkonsums und bietet auf seinem Internetportal www.gesunde-pilze. de Informationen und zahlreiche Rezeptvorschläge für schmackhafte und gesunde Pilzgerichte an. Eine solche Werbung für Speisepilze als gesunde Nahrung ist gerechtfertigt. Bei näherem Hinsehen stellt sich nämlich heraus, dass sie es hinsichtlich ihrer Nährwerteigenschaften mit Obst und Gemüse nicht nur aufnehmen, sondern diese in vielerlei Hinsicht sogar übertrumpfen können. Deshalb sollten Sie – verehrte Leser – ruhig alles vergessen, was Sie bisher über Speisepilze gewusst haben. Sie werden im Folgenden Neues und Überraschendes erfahren.

Die Kalorien der Speisepilze

Der Kaloriengehalt ist ein Gesichtspunkt von allgemeinem Interesse; eine zeitgemäße, gesunde Nahrung wird oft nach ihrem Kaloriengehalt beurteilt. Die Kalorie (kcal) ist im Grunde eine alte physikalische Maßeinheit. Ursprünglich wurde sie für die Energie definiert, die benötigt wird, um einen Milliliter Wasser um 1 °C zu erwärmen.

Bei Lebensmitteln ist die Kalorie eine – ebenfalls veraltete – Maßeinheit für deren Energiegehalt. Mittlerweile wird als Maßeinheit für Energie, und so auch für den Energieumsatz des Körpers, nach dem englischen Physiker James Prescott Joule (1818–1889) von Joule gesprochen. Eine Kalorie entspricht 4,186 J. Doch selbst in Kenntnis des modernen Fachjargons bleibe ich lieber bei den altbewährten Kalorien, da sie allgemein bekannt und für die meisten Leser besser einzuordnen sind. Mit Kalorien wird der Energiegehalt gemessen, der infolge der Verbrennung von Nährstoffen im Körper frei wird. Diese Energie benötigt der Mensch für das Wachstum, für die Erhaltung seiner Körpertemperatur und für jegliche Art von Arbeit, einschließlich der Stoffwechselvorgänge wie Verdauung, Atmung und andere.

Viele Menschen in den Industrieländern essen zu viel und haben im Durchschnitt einen täglichen Kalorienüberschuss von 30 % und mehr. Dieser Überschuss lagert sich schließlich im Körper als Fett ab und führt zu Übergewicht und Fettleibigkeit. Hat man einmal Übergewicht, kostet es beträchtliche Kraft und eiserne Disziplin, um es wieder los zu werden.

Betrachtet man Speisepilze, wie z. B. Champignons, Austernpilze, Kräuterseitlinge und Shii-take aus Sicht des Kaloriengehaltes, wird sofort klar, dass sie eine zeitgemäße Nahrung sind und den Bedürfnissen der bewegungsarmen und eher geistig tätigen Menschen unserer Zeit optimal entsprechen. Denn sie enthalten nicht mehr als 20 bis 40 kcal je 100 g. Sie sind diesbezüglich mit Gemüsearten wie Kohlrabi, Möhren, Paprika, grünen Bohnen, Blumenkohl, Grünkohl, Broccoli und Gartenkresse vergleichbar. Andere Gemüsesorten wie grüne Erbsen und gekochte Kartoffeln enthalten doppelt so viel Kalorien, Hülsenfrüchte wie Bohnen, Erbsen und Linsen sogar bis zu zehnmal mehr Kalorien als Speisepilze.

Für die Berechnung des Kaloriengehaltes von Lebensmitteln wird der Brennwert der einzelnen Nährstoffe herangezogen. Bei der Verwertung von z. B. einem Gramm Fett entstehen im Körper etwa neun Kilokalorien Energie, bei Kohlenhydraten und Eiweiß sind es vier Kilokalorien je Gramm. Demnach sind 100 g Frischpilze, auf den Energiegehalt bezogen, mit nur drei bis vier Gramm Fett oder sechs bis acht Gramm Kohlenhydraten bzw. Eiweiß gleichzusetzen. So wird deutlich, warum sich Pilze so gut für eine Diät mit dem Ziel der Gewichtsreduktion eignen. Möchte man eine Fastenkur halten und dabei nicht mehr als z. B. 1000 Kcal täglich zu sich nehmen, wäre der Konsum von mehr als sechs Pfund gedünsteter Speisepilze wie Champignons, Austernpilze oder anderer möglich.

Deshalb sollten Speisepilze in der Diätplanung viel stärker als bisher beachtet werden. Pilzmahlzeiten eignen sich für eine Gewichtsreduktion mindestens so gut wie Salat oder Gemüse.

Proteingehalt der Speisepilze

Unter den sogenannten Hauptnährstoffen eines Nahrungsmittels steht das Protein, umgangssprachlich Eiweiß genannt, an vorderster Stelle. Es ist ein Makromolekül, das aus 20 Standard-Aminosäuren besteht, von denen acht essenziell sind, das heißt dem Körper durch die Nahrung zugeführt werden müssen, da sie der menschliche Körper nicht selbst produzieren kann. Proteine sorgen dafür, dass die Muskeln und Organe des Körpers aufgebaut werden und erhalten bleiben. Körpereigene Proteine verbrauchen sich allmählich und müssen ständig erneuert werden. Der Proteinbedarf ist vom Alter und von der physischen Belastung des Körpers abhängig; Kinder und Jugendliche brauchen mehr als Erwachsene; der Proteinbedarf von Schwerarbeitern ist erheblich größer als der von „Schreibtischtätern".

Oft wird der Proteingehalt der Pilze angepriesen. Man nennt sie auch das „Fleisch des Waldes". Fakt ist, dass Pilze einen beträchtlichen Anteil Rohprotein in ihrer Trockenmasse enthalten; beim Kulturchampignon wurden 29–45 % ermittelt, beim Austernpilz 21–43 % und beim Shii-take 18–24 %. Diese Schwankungen sind dadurch zu erklären, dass der Proteingehalt von Faktoren wie Sorte, Kultivierungsmethoden, verwendete Nährsubstrate,

Reifezustand der geernteten Pilze und anderen Faktoren abhängt. Werden Teeblätter als Nährsubstrat verwendet, was z. B. in Indien oft der Fall ist, enthalten Austernpilze mehr Protein als bei der Verwendung von deutschem Getreidestroh für den gleichen Zweck.

Auch die Verdaulichkeit des Pilzproteins ist von Art zu Art verschieden und zudem davon abhängig, welchen Teil des Fruchtkörpers man verzehrt. Beim Kulturchampignon z. B. ist das Protein sowohl im Hut als auch im Stiel zu mehr als 90 % verdaulich. In Austernpilzen wird aus den Stielen nur etwa 84 % des verfügbaren Proteins verwertet; dafür umso mehr aus den Hüten, nämlich durchschnittlich über 90 %.

Die hohen Proteingehalte beziehen sich jedoch, wie bereits erwähnt, auf die Trockensubstanz der Pilze, die allerdings durchschnittlich nur 10–12 % beträgt. Der Rest von 88–90 % ist Wasser. Kalkuliert man den Proteingehalt für eine übliche Verzehrsportion von 100 g Frischpilzen, müssen die Angaben einfach durch zehn dividiert werden. Damit ergeben sich für eine Pilzmahlzeit von 100 g nur 1,5 bis 4,5 g Protein. Erwachsenen Männern in Deutschland wird ein durchschnittlicher täglicher Konsum von 55 g Protein empfohlen; eine Frau kommt mit ca. 45 g aus. Verzehrt man die übliche Portion von 100 g Frischpilzen, wird dadurch nur ein relativ geringer Teil dieses Bedarfes, kaum mehr als drei bis vier Prozent, abgedeckt. In 100 g Rindfleisch z. B. sind im Vergleich dazu 35 % des Tagesbedarfes an Protein enthalten.

Aus diesem Grund sind Pilze als Proteinlieferanten weniger interessant, als allgemein angenommen wird. Sie sind diesbezüglich mit Gemüse wie Spinat, Brokkoli und

Blumenkohl zu vergleichen. Wurzel- und Zwiebelgemüse, Salatpflanzen, Tomaten, Gurken und Paprika sind Pilzen als Proteinlieferanten sogar überlegen. Hülsenfrüchte dagegen, Weiß- und Rotkohl sowie Kohlrabi und Rote Bete enthalten mehr Protein als Pilze.

Hinsichtlich der biologischen Wertigkeit des Pilzproteins gibt es – je nach Art – erhebliche Unterschiede. Die biologische Wertigkeit enthält eine Aussage über die Eignung des Pilzproteins zur Synthese menschlichen Proteins. Ermittelt wird hierzu der sogenannte *chemical score,* den man anhand folgender Formel ermittelt:

(mg Aminosäure/g Testprotein : mg Aminosäure/g Referenzprotein) × 100

Als Referenzprotein wird das Eiprotein verwendet und seine Wertigkeit mit 100 Punkten gleichgesetzt. Der Austernpilz erreicht in diesem Vergleich nur 49 Punkte, der Shii-take sogar nur 40. Dies kann darauf zurückgeführt werden, dass essenzielle Aminosäuren, wie z. B. das Tryptophan, fehlen oder nur in Spuren vorhanden sind. Durch das Fehlen von sogenannten limitierenden Aminosäuren wird die biologische Wertigkeit eines Proteins gemindert. Der Kulturchampignon kommt dagegen auf 90 Punkte. Das bedeutet, dass seine Aminosäurezusammensetzung am ehesten dem Optimum, dem Eiprotein, entspricht.

Die Anwesenheit und Menge der essenziellen Aminosäuren in einem Protein sind wichtig, da diese vom menschlichen Körper nicht produziert werden können.

Die Ernährungswissenschaftlerin Dr. Margarethe Kress vertritt die Auffassung, dass die Bedeutung des Pilzproteins in der Ernährung unter dem Gesichtspunkt der sogenannten Ergänzungswirkung zu betrachten ist. Proteine werden bei der Verdauung in Aminosäuren aufgespalten. Verzehrt man Pilze als Beikost zu Gemüse und Salat, tritt ein Mischungseffekt auf. Die fehlende Aminosäure im Pilzprotein kann durch das gleichzeitig verzehrte Lebensmittel ergänzt werden und umgekehrt. Mit einer gezielten Kombination von Pilzen und z. B. Gemüse in der Nahrung kann man eine höhere Proteinwertigkeit erreichen als mit Pilzen oder Gemüse alleine.

Jedenfalls sollte man diesem Aspekt erhöhte Aufmerksamkeit schenken, da in den Entwicklungsländern der Fleischkonsum durchaus bescheiden ist. Obwohl man zur Deckung des Proteinbedarfes im Allgemeinen gerne Fleisch bevorzugt, wäre es ratsam, der Kombination von pilzlichem und pflanzlichem Protein künftig viel mehr Bedeutung beizumessen. Wünschenswert ist auch eine bessere Verwertbarkeit des pflanzlichen Proteins in der Nahrung, wofür Speisepilze eingesetzt werden können. Mischt man sie unter die Kost, kann das Protein in der Pflanzennahrung erheblich aufgewertet werden.

An dieser Stelle möchte ich darauf hinweisen, dass Pilze, neben verschiedenen Gemüsesorten, zu den Lebensmitteln zählen, die wenig Purine enthalten und sich deshalb hervorragend als Diätkost bei Stoffwechselstörungen – besonders für Gichtkranke – eignen. Während der Kulturchampignon durchschnittlich 57 und Austernpilze nur 50 mg Purine je 100 g Frischmasse enthalten, gibt es im Räucherlachs 242, in Ölsardinen 560 und in Fleischextrakten die unglaubliche Menge von bis zu 3500 mg Purine je 100 g Frischmasse der Produkte.

Purine sind Nukleinsäure-Abkömmlinge und werden in den Zellkernen gebildet. Durch den Stoffwechsel der

Zellen und den Abbau der Purine entsteht Harnsäure, die in der Niere ausgeschieden wird. Harnsäure entsteht teils durch den Stoffwechsel der körpereigenen Zellkerne, zum Teil jedoch wird sie nach dem Abbau der Zellkerne in der Nahrung freigesetzt. So ist es leicht nachvollziehbar, dass die mit der Nahrung aufgenommenen Purine nach ihrem Abbau den Harnsäurespiegel erhöhen. Aus einer gesättigten Harnsäurelösung fällt Salz (Natriumurat-Monohydrat) in Kristallform aus. Die Salzkristalle verursachen, hauptsächlich in den Gelenken, die schmerzhaften Entzündungen, die für die Gicht charakteristisch sind.

Dass purinreiche Kost schädlich ist, dürfte eine Binsenweisheit sein, denn sie führt zu einer unnötigen Erhöhung des Harnsäurespiegels. Es ist jedoch auch wichtig zu wissen, dass durch purinarme Nahrung – wie auch durch Speisepilze – die Vermehrung von Harnsäure im Blut drastisch reduziert werden kann.

Kohlenhydrate in Speisepilzen

Hinsichtlich der Menge sind Pilze in erster Linie Kohlenhydratlieferanten. Je nach Art enthalten sie 38–70 % Kohlenhydrate in ihrer Trockenmasse. Die Werte sind stabil und, anders als beim Eiweiß, keinen Schwankungen unterworfen.

Es gibt eine Vielzahl organischer Verbindungen, die unter dem Sammelbegriff Kohlenhydrate zusammengefasst werden. In Pflanzen werden Kohlenhydrate mithilfe der Sonnenenergie durch Fotosynthese aus dem atmosphärischen Kohlendioxid gebildet. Das Endprodukt dieses

Prozesses ist Glucose (Traubenzucker). Durch weitere
chemische Prozesse entstehen daraus komplizierte Kohlenstoffverbindungen. Viele von ihnen sind wichtige Ener-
gielieferanten – auch für den menschlichen Körper.
Pilze betreiben jedoch keine Fotosynthese. Die Kohlen-
hydratproduktion nimmt also einen anderen Weg. So ist
es auch nicht verwunderlich, dass im Pilzkörper zum Teil
andere Kohlenhydrate gebildet werden als in Pflanzen.
Für Pilze ist das Fehlen von Stärke charakteristisch. Dafür
enthalten sie aber umso mehr Mannit (bei Champignons
12 %, bei Austernpilzen 7,5 % in der Trockenmasse), eine
Zuckerart, die besonders im Manna vorkommt, einem
Exkrement der Mannaschildläuse in den Wüsten Kleinasi-
ens. Mannit hat nur die halbe Süßkraft des Rohrzuckers
und wird deshalb hauptsächlich als Zuckeraustauschstoff
für Diabetiker verwendet. Glucose enthalten Pilze nur in
ganz geringen Mengen, in der Größenordnung von einem
halben Prozent der Trockensubstanz.

Es ist also leicht nachvollziehbar, dass sich Pilze, bedingt
durch den hohen Mannit- und geringen Glucosegehalt,
ausgezeichnet für den Einsatz in der Diabetikerkost eignen. Da Mannit vom Körper sehr viel langsamer aufgenommen wird als Glucose, entstehen keine ausgeprägten
Spitzen in der Blutzuckerkurve. Diabetiker können deshalb z. B. 200 g Champignons täglich verzehren, ohne sie
in ihrer Diät anrechnen zu müssen.

Unter den kohlenstoffhaltigen Bestandteilen der Pilze
sind ihre Ballaststoffe von besonderer Bedeutung. Ballaststoffe sind unverdauliche oder nur geringfügig verdauliche
Bestandteile der Nahrung.

Der britische Militärarzt Denis Parsons Burkitt stellte in den 1960er-Jahren die Hypothese auf, dass die Entstehung von Dickdarmkrebs mit der Ernährung, speziell mit einer zu geringen Zufuhr von Ballaststoffen, zusammenhängt. Tatsächlich zeigen die Statistiken, dass diese Krankheit, von wenigen Ausnahmen abgesehen, dort seltener vorkommt, wo die Bevölkerung traditionell mehr pflanzliche Nahrung und Ballaststoffe aus nicht veredelten Getreideprodukten verzehrt.

Unlösliche und schwer lösliche Ballaststoffe sind Cellulose, Hemicellulose und Lignin. Pilze enthalten einen hohen Anteil Hemicellulose, die für das Sättigungsgefühl zuständig ist – ein Aspekt, der besonders in den Diätplänen von Übergewichtigen Beachtung finden sollte. Hemicellulose erhöht darüber hinaus die Stuhlmasse und beschleunigt die Passage der Nahrung durch den Darmtrakt. Eine Spezialität der Pilze ist der Ballaststoff Chitin, der zugleich auch Bestandteil der Körperhülle von Insekten und Krebsen ist. Von manchen Experten wird Chitin indes nicht unbedingt als erwünschter Ballaststoff angesehen, sondern als Ursache für Verdauungsbeschwerden, die manche Menschen nach reichlichem Pilzgenuss haben. Für Personen mit schwach ausgeprägter Verdauungsfunktion mag das Chitin tatsächlich Probleme bereiten. Mithilfe der Ballaststoffe in den Pilzen wollen wir jedoch gerade die Verdauung anregen. Hier noch ein Tipp: Schneiden Sie die Pilze vor der Zubereitung in messerrückendünne Scheiben; sie werden nach der Zerkleinerung der chitinhaltigen Zellwände viel bekömmlicher.

Je nach Art ist der Ballaststoffgehalt der Pilze verschieden. Champignons enthalten durchschnittlich 1,9,

Shii-take 4,5 und Austernpilze 4,6 g in 100 g Frischmaterial. Das scheint nicht viel zu sein, doch wenn wir das Ganze auf die Trockensubstanz beziehen, wovon die Kulturpilze im Frischmaterial rund zehn Prozent enthalten, sieht es anders aus. Es wird deutlich, dass die Ballaststoffe mit zu den mengenmäßig wichtigsten Bestandteilen der Pilzfruchtkörper gehören.

Vitamine in Pilzen

Zwei Krankheiten, Beriberi und Skorbut, haben – jede auf ihre Weise – Geschichte gemacht. Beide rafften noch bis vor 250 Jahren unter qualvollen Schmerzen tausende von Menschen dahin, bis klar wurde, dass die Ursache Vitaminmangel war. Bei Beriberi ist es das Vitamin B_1, bei Skorbut das Vitamin C. Beriberi tritt dort auf, wo vorwiegend oder ausschließlich geschälter, vom Silberhäutchen befreiter Reis konsumiert wird: in Süd- und Ostasien, Südamerika und Afrika. Noch im Jahre 1935 starben rund 18.000 Menschen auf den Philippinen an diesem Vitaminmangel. Skorbut wurde insbesondere von den Seeleuten vergangener Jahrhunderte gefürchtet, da sie häufig einem Vitamin-C-Mangel ausgesetzt waren. Dabei war die Heilwirkung von grünen Kräutern, besonders vom Scharbockskraut *(Ranunculus ficaria)*, seit mehr als 500 Jahren bekannt. Dennoch ordnete z. B. die britische Admiralität erst 1760 das Mitführen von Zitronen an, um die Mannschaften auf den Schiffen vor Skorbut zu schützen.

Vitamine sind lebenswichtige Verbindungen, die (oder deren Vorstufen) dem menschlichen Körper mit der

Nahrung zugeführt werden müssen. Ein Mangel oder die fehlende Zufuhr eines Vitamins erzeugt Ausfallerscheinungen im Sinne einer ernährungsbedingten Krankheit. Die im Körper vorhandenen Vitamine unterliegen einem kontinuierlichen Abbau; sie müssen daher immer wieder mit der Nahrung aufgenommen werden. Auch Pilze gelten als vitaminreiche Nahrung.

Das **Vitamin B$_1$** (Thiamin) ist am Stoffwechsel und an der Energiegewinnung des Körpers beteiligt und hauptsächlich für die Aufrechterhaltung der Funktion von Nervenzellen und Muskeln verantwortlich. Ein Vitamin-B$_1$-Mangel kann zu einer schweren Beschädigung des Zentralnervensystems führen. Es gibt kaum ein Lebensmittel, das genügend Vitamin B$_1$ enthält. In 100 g frischen Champignons hat man immerhin so viel Vitamin B$_1$ gefunden, dass damit rund zehn Prozent des täglichen Bedarfs eines Erwachsenen gedeckt werden können. Austernpilze sind diesbezüglich noch wertvoller, denn sie enthalten fast doppelt so viel. Damit übertrifft der Vitamin-B$_1$-Gehalt des Austernpilzes denjenigen aller anderen wichtigen Gemüse- und Obstsorten. Nur die Banane kommt mit einem Gehalt von durchschnittlich 0,16 mg/100 g Frischfrucht in die Nähe des Austernpilzes, der in dieser Hinsicht, gemäß einer Einstufung der DEG, als besonders wertvolle Vitamin-B$_1$-Quelle gilt.

Das **Vitamin B$_2$** (Riboflavin) ist am Prozess der Energiegewinnung des Körpers beteiligt. Ein Mangel an Vitamin B$_2$ zeigt sich insbesondere in Form von Wachstumsverzögerungen; ferner auch durch Augen-, Haut- und Schleimhautschädigungen. Der Körper benötigt 1,2 bis 1,7 mg Vitamin B$_2$ täglich. Von 100 g Fleisch und Fisch werden 20–40 % des täglichen Bedarfs gedeckt. Besonders bemerkenswert ist der hohe Vitamin-B_2-Gehalt der Speisepilze. In Champignons gibt es durchschnittlich 0,45 mg je 100 g Frischsubstanz. Dieser Wert ist vergleichbar mit dem des Hühnereies (0,40 mg), mit Käse (0,45 mg) oder Weizenkleie (0,50 mg), und er ist fünfmal höher als im Kopfsalat und bis zu zehnmal höher als in Kohlrabi, Weißkohl, Tomaten oder Porree. Champignons sind nachweislich hochwertige Lieferanten von Vitamin B_2. Noch wertvoller sind jedoch Austernpilze, die rund 0,65 mg Vitamin B_2 in 100 g Frischsubstanz enthalten und dadurch mit Nahrungsmitteln wie Mandeln (0,60 mg) und Sojabohnen (0,50 mg) vergleichbar sind. Milchprodukten wie Joghurt (0,20 mg), Speisequark (0,30 mg) und Trinkmilch (0,18 mg) sind Champignons und Austernpilze als Vitamin-B_2-Lieferanten weit überlegen.

Auch das **Vitamin B_3** (Niacin), ein weiteres wichtiges Vitamin, wird im Körper für die Energiegewinnung benötigt und muss teilweise durch die Nahrung zugeführt werden. Die Auswirkungen eines Niacin-Mangels sind schwerwiegende Hauterkrankungen, Störungen im Verdauungstrakt sowie im Nervensystem; Letztere können über Schwindel und Kopfschmerzen bis hin zu schweren Depressionen führen. Deshalb empfiehlt man, dem Körper täglich durchschnittlich zwölf Milligramm Niacin zuzuführen. Fisch und verschiedene Fleischsorten enthalten viel Niacin, Gemüsesorten dagegen sind niacinarm. Ganz anders ist es mit den Speisepilzen, denn sie sind eine besonders wertvolle Niacin-Quelle. Sie enthalten so viel von diesem wichtigen Vitamin, dass sie mit den besten Fleisch- und Fischsorten mithalten können. Im Vergleich zu Obst und Gemüse ist der Unterschied beachtlich: Kräuterseitlinge beispielsweise enthalten ca. 50-mal mehr Vitamin B_3 als z. B. die Zitrone. Im Vergleich zu den Vitamin-B_3-reichsten Gemüsesorten Weißkohl, Möhre oder Spinat enthält der Kräuterseitling fast fünfmal mehr von dieser essenziellen Substanz.

Das **Vitamin B_5** (Pantothensäure), das unter anderen am Auf- und Abbau von Aminosäuren, Fetten und Kohlenhydraten sowie an der Cholesterinsynthese beteiligt ist, kommt in Speisepilzen ebenfalls reichlich vor. Austernpilze können, bezogen auf 100 g Frischware, mehr als 23 %, Champignons 26 % des Tagesbedarfes decken. Sie übertreffen diesbezüglich Gemüse, je nach Art, um das bis zu 50-Fache, im Durchschnitt aber immerhin um das Fünf- bis Zehnfache. Nur Innereien, wie Niere, Leber, Herz u. a., sind bessere Quellen für Vitamin B_5 als Pilze. Sie sind aber sehr reich an Purinen und deshalb für Menschen mit Stoffwechselerkrankungen ungesund.

Die Reihe der B-Vitamine in Pilzen ist damit aber noch nicht vollständig. Da wäre etwa noch das **Vitamin B_9** (Folsäure) zu nennen, das in Verbindung mit **Vitamin B_{12}** für die Bildung der roten Blutkörperchen verantwortlich ist. Ferner spielt es bei der Entstehung der Nukleinsäuren in den Zellkernen eine wichtige Rolle. Der Mangel an Vitamin B_9 äußert sich in einem veränderten Blutbild. Wenn dazu noch Vitamin-B_{12}- und eventuell Eisenmangel herrscht, sind die Folgen dieses Vitaminmangels besonders schwerwiegend. Speisepilze, insbesondere Austernpilze, liefern im Durchschnitt deutlich mehr Vitamin B_9 als die meisten Gemüse- und Obstsorten. Lediglich Möhren und

Spinat beim Gemüse und Sauerkirschen unter den Obstsorten sind bessere Vitamin-B_9-Quellen.

Während Kulturspeisepilze bezüglich des Vitamin-C-
Gehaltes (Ascorbinsäure) keine Spitzenprodukte sind, haben
sie dennoch einen Trumpf: das Ergosterin, die Vorstufe des
Vitamins D.

Eigentlich ist **Vitamin D** gar kein Vitamin, da es – im
Gegensatz zu anderen Vitaminen – der menschliche Körper selbst herstellen kann. Es wird eher zu den Hormonen,
den Botenstoffen, also den körpereigenen Informations-
übermittlern, gerechnet. Aber im allgemeinen Sprachge-
brauch gilt es als Vitamin.

Die Gruppe der D-Vitamine erstreckt sich von D_1
bis D_5; am wichtigsten sind jedoch D_2 und D_3. Vitamin
D_2 (Ergocalciferol) ist pflanzlichen Ursprungs und entsteht aus Ergosterin durch Lichteinwirkung. Ergosterin
gehört zur Gruppe der Sterine; dies sind wichtige Natur-
stoffe, zu denen auch das Cholesterin zählt. Die andere
im menschlichen Körper aktive Form ist das Vitamin D_3
(Cholecalciferol), das ebenfalls durch Lichteinwirkung aus
Cholesterin, genauer gesagt aus 7-Dehydrocholesterol,
gebildet wird. Da die Wirkung des Ergo- und Cholecalci-
ferols im menschlichen Organismus identisch ist, können
wir sie zusammen besprechen und vereinfacht als Vitamin
D bezeichnen.

Seit mehr als 80 Jahren ist bekannt, dass Vitamin D
entscheidenden Einfluss auf den Calcium- und Knochenstoffwechsel hat; seine antirachitische Wirkung ist unbestritten. Neuerdings jedoch nimmt die Forschung das
Vitamin D erneut unter die Lupe und fördert dabei neue,
bemerkenswerte bis sensationelle Erkenntnisse hinsichtlich

seiner Wirkung zutage. Es stellte sich nämlich heraus, dass Vitamin D außer dem Calcium- und Knochenstoffwechsel an vielen weiteren physiologischen Prozessen des Körpers beteiligt ist. Besonders hervorzuheben ist dabei der Einfluss auf das Immunsystem, auf die Zellteilung und das Zellwachstum.

Kanadische Wissenschaftler stellten fest, dass Brustkrebspatientinnen, die an Vitamin-D-Mangel leiden, dreimal häufiger Metastasen bekamen und ein 73 % größeres Risiko hatten, binnen zehn Jahren nach ihrer Erkrankung zu sterben. Es stellte sich ferner heraus, dass bei unzureichender Vitamin-D-Versorgung die Entstehung chronischer Krankheiten wie Multiple Sklerose, Diabetes Typ 2, Bluthochdruck, Herzinsuffizienz und auch Krebs begünstigt wird. Wissenschaftler an der Universität von Oxford (England) und British Kolumbien (Kanada) fanden heraus, dass an Multiple Sklerose erkrankte Menschen ein Vitamin-D-Defizit hatten. Nach ihrer Auffassung ist Vitamin D bzw. dessen Mangel ein wichtiger Faktor bei der Entstehung dieser Krankheit. Andere Forscher fanden heraus, dass eine ausreichende Vitamin-D-Versorgung unter anderem die Vermehrung von Prostatazellen hemmt. In einer einschlägigen Studie gelang es, nach Verabreichung von täglich 50 µg Vitamin D_3 an Personen mit Prostatakrebs den Anstieg ihrer PSA-Werte während einer zweijährigen Behandlungsphase gegenüber einer Kontrollgruppe fast zu halbieren.

Eine weitere Erkenntnis im Zusammenhang mit Vitamin D ist, dass eine ausreichende Versorgung Störungen des Immunsystems vorbeugen und die Entstehung altersbedingter Krankheiten hemmen kann.

Entgegen der weit verbreiteten Meinung, dass eine ausreichende Vitamin-D-Versorgung unter Einwirkung von UV-Strahlung (primär des Sonnenlichts) möglich ist, stehen seriöse Untersuchungen, die das Gegenteil beweisen. Vitamin-D-Mangel gilt als eine der häufigsten Vitaminmängel in Deutschland. Bis zu 90 % der erwachsenen Bevölkerung verfügt über weniger als den Minimalbedarf, der mit fünf Mikrogramm täglich beziffert wird. Die Haut älterer Menschen bildet nicht mehr so viel Vitamin D wie die von jüngeren. Hinzu kommt, dass in den mittleren Breitengraden, wie etwa in Deutschland, und insbesondere in den Großstädten und industriellen Ballungsgebieten die Intensität der Sonneneinstrahlung vom Herbst bis Frühjahr nicht ausreicht, um in der Haut genügend Vitamin D zu bilden. Von einer mangelhaften Vitamin-D-Versorgung sind besonders Kinder, Jugendliche, stillende Mütter, Vegetarier und ältere Menschen sowie Personen, die dauerhaft Medikamente einnehmen, betroffen. In den USA wird momentan sogar eine Kampagne hinsichtlich der Optimierung der Vitamin-D-Versorgung durch geeignete Nahrungsmittel betrieben, da etwa 40 % der Bevölkerung unzureichend versorgt sind. Ärzte und Ernährungsberater werden aufgefordert, die Menschen, insbesondere Ältere und Dunkelhäutige, entsprechend aufzuklären.

Optimal wäre eine tägliche Versorgung mit 20 µg Vitamin D, bei älteren Menschen noch mehr, nämlich bis zu 30 µg täglich. Selbst eine dauerhafte Versorgung mit 50 µg täglich wird als völlig unbedenklich angesehen. Es muss aber auch erwähnt werden, dass eine regelmäßige Versorgung mit noch höheren Dosen zu unerwünschten Nebenwirkungen wie Arteriosklerose, Nierensteinbildung und Bluthochdruck führen kann.

Die reichhaltigsten Vitamin-D-Quellen sind Fischleber-
öle und Salzwasserfische wie Sardinen, Heringe, Lachs und
Makrelen. Weniger Vitamin D ist in Eiern, Fleisch, Milch
und Butter enthalten. Pflanzen enthalten kaum, Früchte
und Nüsse praktisch überhaupt kein Vitamin D.

Champignons und Austernpilze, die man ganzjährig
kaufen kann, sind hingegen reich an Vitamin D. 100 g
frische Champignons decken im Durchschnitt 40 % des
minimalen Tagesbedarfs eines Erwachsenen – eine Information, die besonders Vegetarier und Veganer interessieren
dürfte.

Es gibt neuerdings auch Methoden, um den Vitamin-
D-Gehalt von Pilzen, insbesondere von Champignons,
noch erheblich zu steigern: Sie werden einfach mit UV-
B-Licht bestrahlt. Man schickt sie sozusagen für wenige
Minuten auf die Sonnenbank. Bereits im Herbst 2008
brachte der große kalifornische Champignonanbaube-
trieb Monterey Mushrooms Inc. unter der Bezeichnung
„Sun Bella" Champignons auf den Markt, die nach einer
UV-Bestrahlung so viel Vitamin D enthielten, dass sie mit
einer Portion von 100 g den Tagesbedarf eines Erwachsenen bis zu 100 % zu decken vermögen.

Bei der Beurteilung des Nähr- und Gesundheitswer-
tes von Pilzen müssen wir ihrer reichhaltigen Vitamin-
palette in Zukunft mehr Aufmerksamkeit schenken. Sie
sind erstrangige Lieferanten vieler lebenswichtiger Vitamine und decken weit mehr des Tagesbedarfs ab, als
von der Deutschen Gesellschaft für Ernährung für eine
besonders wertvolle Nahrung gefordert wird. Vergleicht
man Pilze diesbezüglich mit Gemüse und Obst, ist ihre
Überlegenheit geradezu augenfällig. Hinzu kommt noch
die Tatsache, dass der hohe Vitamingehalt der Pilze mit

nur wenigen Kalorien einhergeht – ein Umstand, der in Expertenkreisen als hohe Nährstoffdichte bezeichnet wird; wobei die Nährstoffdichte das Verhältnis des Nährstoffgehaltes zum Energiegehalt eines Lebensmittels ausdrückt.

Mineralien der Pilze

Da wäre einmal das **Natrium,** das zwar vielfältige Funktionen im Körper hat, aber bei übermäßiger Aufnahme besonders bei Menschen mit erhöhtem Blutdruck einen Risikofaktor darstellt. Die empfohlene Tagesaufnahme beträgt bei Erwachsenen zwei bis drei Gramm, bei Kindern und Jugendlichen ein bis zwei Gramm. Natrium wird größtenteils durch die Nahrung aufgenommen, wobei ein Gramm Kochsalz knapp 400 mg Natrium entspricht. Für eine streng natriumarme Diät sind Lebensmittel geeignet, mit denen durch eine übliche Verzehrsportion (100 bis 200 g) nicht mehr als zehn Prozent der maximal erlaubten Natriummenge aufgenommen werden. Relativ natriumreich sind Fleisch und Fisch; für eine natriumarme Diät sind Obst und Gemüse geeignet. Besonders empfehlenswert sind jedoch Pilze, deren Natriumgehalt noch zwei- bis dreimal geringer ist als der von Obst und Gemüse. Mit 100 g frischen Champignons z. B. werden nicht mehr als 4,8 mg Natrium geliefert. Das sind nur 0,2 % der maximal zulässigen Tagesdosis und mehr als 50-mal weniger als die für eine strenge Diät zugelassene Salzmenge. Noch salzärmer sind Austernpilze (2,5 mg), Kräuterseitlinge (1,5 mg) und Shii-take (1,4 mg), jeweils auf 100 g Frischpilze bezogen.

Kalium ist für die Regulierung des osmotischen Drucks der Zellflüssigkeit und für die Aktivität mancher Enzyme verantwortlich. Ferner ist es in den Verdauungssäften des Magen-Darm-Traktes enthalten und wird über die Niere ausgeschieden, wobei die Ausscheidung bei erhöhter Natriumzufuhr größer ist. Durch Kaliummangel können Herzmuskelschäden auftreten. Weitere Symptome sind Blutdrucksenkung, Appetitlosigkeit und Muskelerschlaffung. Wünschenswert ist bei Erwachsenen eine Kaliumzufuhr von zwei bis vier Gramm täglich.

Pilze gehören zu den kaliumreichen Lebensmitteln und sind in dieser Hinsicht Gemüse und Obst leicht überlegen. Im Vergleich zu Fisch und Fleisch enthalten Pilze bis zu 25 % mehr Kalium. Champignons sind hier besonders hervorzuheben, denn mit ihnen ist eine Deckung von 15–30 % des Tagesbedarfs an Kalium möglich. Das Verhältnis eines niedrigen Natriumgehalts zu einem hohen Kaliumgehalt eröffnet für Speisepilze eine Einsatzmöglichkeit in der Diätkost von Patienten, die wegen zu hohen Blutdrucks ihren Salzkonsum einschränken müssen.

Phosphor spielt im Prozess der Energiegewinnung und -umsetzung eine unentbehrliche Rolle. Es ist wichtig für den Aufbau und die Erhaltung von Knochen und Zähnen. Die Aufnahme von Phosphor wird durch vorhandenes Vitamin D begünstigt. Mangelerscheinungen sind bei Erwachsenen so gut wie unbekannt. Nur Frauen haben während der Schwangerschaft und der Stillzeit einen erhöhten Phosphorbedarf, sodass eine gezielte Ernährung mit phosphorreichen Lebensmitteln empfehlenswert ist. Der übliche Tagesbedarf beträgt bei Erwachsenen 0,7 bis 0,8 g. Tierische Produkte (Fleisch, Fisch, Innereien, Käse und Milch) sind gute Phosphorquellen – Gemüse und Obst weniger. Champignons, Austernpilze, Kräuterseitlinge, Shii-take sind als Phosphorquelle dagegen deutlich besser; sie rangieren diesbezüglich zwischen Obst, Gemüse und tierischen Lebensmitteln.

Eisen kommt im Körper hauptsächlich im Blutfarbstoff (Hämoglobin) vor. Bei starken Blutungen, so auch bei Frauen während der Menstruation, können dem Körper größere Eisenmengen verloren gehen. Eisenmangel äußert sich in Blutarmut, also in einer Verringerung des Blutfarbstoffes und der Zahl roter Blutkörperchen. Von Experten wird die Aufnahme von täglich 12 bis 14 mg Eisen empfohlen. Der höchste Eisengehalt von gängigen Kulturpilzen wurde im Shii-take gefunden; nur Möhren und Spinat enthalten noch mehr Eisen. Champignons, Austernpilze und Kräuterseitlinge rangieren im Durchschnitt auf dem gleichen Niveau wie die meisten Gemüse- und Obstsorten. Herausragend ist dagegen der Eisengehalt des Pfifferlings. Gemessen wurden über 6,0 mg in 100 g Frischpilzen.

Kupfer kommt in zahlreichen Enzymen vor. Eines von ihnen, die Superoxid-Dismutase, steuert die Quervernetzung der Kollagenfasern des Bindegewebes. Somit ist Kupfer unverzichtbar für den Aufbau des Bindegewebes und der Knochen. Das Enzym Superoxid-Dismutase, das sowohl von Kupfer, aber auch von Zink abhängig ist, bildet einen wichtigen Teil des körpereigenen Zellschutzsystems im Kampf gegen freie Radikale. Somit kann Kupfer auch als indirekter Radikalfänger bezeichnet werden. Eine mahlzeitübliche Portion frischer Champignons kann bis zu 30 % des Tagesbedarfs an Kupfer decken. Auch der

Shii-take enthält mehr Kupfer als Gemüse und Obst – mit Ausnahme von Spinat.

Zink ist ein unverzichtbares Spurenelement, das Bestandteil zahlreicher Enzyme ist und eine Schlüsselrolle bei verschiedenen Körperfunktionen einnimmt; so z. B. im Eiweiß-, Fett- und Kohlenhydratstoffwechsel. Hinzu kommen Funktionen beim Zellwachstum und im Immunsystem. Zinkmangel soll selbst in Deutschland häufig vorkommen, besonders bei Jugendlichen und Veganern, die in der Wachstumsphase sehr viel Zink benötigen. Speisepilze sind deutlich bessere Quellen für Zink als die meisten Gemüse- und Obstsorten. Besonders Shii-take ist reich an Zink. Er übertrifft diesbezüglich die zinkreichsten Gemüsearten Möhren, Spinat und Kopfsalat um fast das Dreifache.

Noch reicher sind Pilze an **Selen**. Man muss wissen, dass Selen eine außerordentlich wichtige Funktion beim Schutz des Organismus gegen schädliche oxidative Prozesse hat. Selen ist ein Radikalfänger ersten Ranges und ein wichtiger Ko-Faktor im Glutathion-Peroxidase-Enzymsystem, das die Zellmembranen vor der zerstörerischen Wirkung der freien Radikale schützt. Außerdem wird Selen als biologischer Gegner von verschiedenen Schwermetallen (Quecksilber, Cadmium, Blei u. a.) angesehen, indem es deren Toxizität deutlich abschwächt. Selen aktiviert ferner bestimmte Bereiche des körpereigenen Immunsystems, indem es die Bildung von Lymphocyten stimuliert, die Interferonsynthese sowie die Aktivität der T-Zellen und natürlichen Killerzellen fördert.

Den verfügbaren Informationen ist zu entnehmen, dass Gemüse und Obst nur vernachlässigbar geringe Mengen Selen enthalten; als Quelle für dieses wichtige Mikroelement kommen sie nicht infrage. Ganz anders sieht es mit den Speisepilzen aus: Der Kulturchampignon, besonders die Sorten mit braunem Fruchtkörper und in Abhängigkeit vom Kultursubstrat, gilt als gute Quelle für Selen. Mit einer Verzehrsportion von z. B. 100 g kann man – Ergebnissen meiner eigenen Untersuchungen zufolge – zwischen 40 und über 200 % des Tagesbedarfes decken. Austernpilze und Kräuterseitlinge sind ebenfalls gute Selenquellen. Nur im Shii-take haben wir verhältnismäßig wenig Selen gefunden, doch immerhin mehr als fünfmal so viel wie in Gemüse und Obst.

Geschmack der Pilze

Selbst der größte Reichtum an wertvollen Inhaltsstoffen macht ein Nahrungsmittel noch nicht zum Liebling des Publikums. Es muss auch schmecken! Frische Speisepilze haben gerade ihres Geschmacks wegen etwas Unnachahmliches. Man hat mehr als hundert Substanzen gefunden, die für ihr charakteristisches Aroma verantwortlich sind und einen natürlichen Würzeffekt haben; sie machen oft z. B. ein Zusalzen in der Diät, aber auch in der Normalkost einfach überflüssig. So ist der Geschmack des Shii-take derart einzigartig und intensiv, dass man ihn aus jeder Speise herausschmecken kann, nachdem man seinen Geschmack einmal kennengelernt hat.

Die Geschmackskomponenten der Pilze sind appetit-
anregend. Sie fördern die Bildung der Magensäfte und die
Darmtätigkeit. Dadurch wird die Nahrung bekömmlicher
und vom Körper besser verwertbar.

Nur frische Pilze sind gesund

Alles, was ich bis jetzt über die vielen gesunden Inhaltsstoffe der Speisepilze geschrieben habe, gilt hauptsächlich für frische Pilze. Deshalb ist die wichtigste von allen
Regeln: Verwenden Sie möglichst frische Pilze!

Wiederholte vergleichende Untersuchungen frischer
und konservierter Champignons fielen sehr ernüchternd
aus. Der Gehalt der meisten wertvollen Substanzen hat
sich durch den Konservierungsprozess gravierend verringert. Die Hälfte, bis hin zu drei Viertel der Vitamine, ging
verloren und auch der Protein-, Kalium- und Phosphor-
gehalt sank erheblich. Lediglich der Calciumgehalt stieg
durch die Konservierung leicht an. Vollends unerwünscht
ist der Anstieg des Natriumgehaltes um über 3000 %,
weshalb konservierte Champignons für die Ernährung
von z. B. Bluthochdruckpatienten, die ihre Natriumzufuhr
einschränken müssen, gänzlich ungeeignet sind. Auch der
Anstieg des Chromgehaltes um mehr als 650 % gereicht
konservierten Champignons nicht gerade zum Vorteil.
Leider sind diese Fakten in Konsumentenkreisen immer
noch weitgehend unbekannt, und so werden in Deutschland noch immer in großem Umfang konservierte Champignons konsumiert (Tab. 3.1).

Tab. 3.1 Wertgebende Inhaltsstoffe in frischen und konservierten Champignons. Es handelt sich um die gleiche Partie, aus der vor und unmittelbar nach der Konservierung Proben entnommen wurden. (Nach Lelley & Vetter 2004)

Nährstoffe, Angaben in der Trockensubstanz	Vor der Konservierung	Nach der Konservierung	Veränderung in %
Trockensubstanz (%)	6,68	8,15	+22,0
Roheiweiß (%)	20,28	20,28	0,0
Fett (%)	2,01	2,06	+2,5
Ballaststoffe (%)	13,31	16,60	+24,7
Chitin (%)	10,80	12,16	+12,6
Vitamin A (µg/kg)	33,70	21,30	−36,8
Vitamin B$_1$ (mg/kg)	9,50	7,20	−24,2
Vitamin B$_2$ (mg/kg)	16,30	6,30	−61,3
Vitamin B$_6$ (mg/kg)	6,00	4,80	−20,0
Vitamin D$_2$ (µg/kg)	90,10	80,40	−10,8
Vitamin D$_3$ (µg/kg)	189,80	136,70	−28,0
Calcium (mg/kg)	693,00	1808,00	+160,0
Chrom (mg/kg)	1,55	10,24	+658,10
Kupfer (mg/kg)	27,30	14,60	−46,5
Kalium (mg/kg)	51.986,00	15.595,00	−69,9
Phosphor (mg/kg)	11.366,00	5347,00	−52,9
Natrium (mg/kg)	847,00	27.020,00	+3091,0
Magnesium (mg/kg)	1465,00	746,00	−50,1
Nickel (mg/kg)	2,86	6,82	+138,4
Strontium (mg/kg)	5,50	16,02	+291,3

Zusammenfassung

Die anfangs gestellte Frage, warum Pilze so gesund sind, kann nunmehr zusammenfassend beantwortet werden:

- Sie sind kalorienarm und eignen sich deshalb gut für den Speiseplan bei einer erwünschten Gewichtsreduktion.
- Sie enthalten wenig Purine, eignen sich also gut für den Speiseplan bei Stoffwechselerkrankungen (Gicht, Rheuma).
- Sie enthalten wenig Glucose, sondern Mannit, und eignen sich somit gut für den Speiseplan bei Diabetes.
- Sie sind salzarm und eignen sich daher gut für den Speiseplan bei erhöhtem Blutdruck.
- Hinsichtlich der Vitamine B_1, B_2, B_3, B_5, B_9 und D sind Pilze Gemüse und Obst ebenbürtig bis weit überlegen.
- Sie sind reich an Ballaststoffen (Chitin, Hemicellulose) und helfen Dickdarmkrebs vorzubeugen.
- Sie enthalten im Durchschnitt mehr Kalium und Phosphor als die meisten Gemüse- und Obstsorten.
- Sie sind reicher an wichtigen Mikroelementen wie Eisen, Zink, Kupfer und insbesondere Selen als die meisten Gemüse- und Obstsorten.

Somit verdienen Speisepilze einen vorderen Platz im Mainstream der Nahrungsmittel, die von Experten und Medien für eine zeitgemäße Ernährung empfohlen werden.

Eine Übersicht von wichtigen Nährstoffen in gängigen Gemüse-, Obst- und Speisepilzarten zeigen Tab. 3.2 und 3.3.

Tab. 3.2 Übersicht von wichtigen Nährstoffen in gängigen Gemüse-, Obst- und Speisepilzarten

Produkte	Kalorien	Vitamin B_1(in mg)	Vitamin B_2(in mg)	Vitamin B_3(in mg)	Vitamin B_5(in mg)	Vitamin B_9(in mg)	Vitamin D_3(in µg)
Kopfsalat	17	0,06	0,10	0,50	0,11	0,02	0,0
Kohlrabi	39	0,05	0,05	0,30	0,20	0,01	0,0
Weißkohl	32	0,04	0,06	1,00	0,10	–	0,0
Tomate	23	0,10	0,06	0,50	0,02	0,04	0,0
Porree	38	0,10	0,06	0,53	–	–	0,0
Möhre	40	0,05	0,15	1,00	0,30	0,06	0,0
Spinat	20	0,08	0,20	1,00	0,11	0,15	0,0
Apfel	31	0,05	0,05	0,50	0,09	<0,01	0,0
Banane	105	0,16	0,08	0,50	0,15	0,01	0,0
Zitrone	27	0,06	0,02	0,10	0,20	<0,01	0,0
Sauerkirsche	52	0,05	0,02	0,30	0,08	0,08	0,0
Weintraube	78	0,05	0,05	0,40	0,06	<0,04	0,0
Champignon	35	0,10	0,41	2,45	0,66	0,04	1,88
Austernpilz	20	0,18	0,65	2,82	1,07	0,05	2,35
Kräuterseitling	24	0,12	0,16	4,96	0,94	0,03	<0,05
Shii-take	25	0,03	0,23	3,81	0,86	0,03	2,00

Angaben in Milligramm (beim Vitamin D in Mikrogramm, µg) je 100 g Frischprodukt (nach Biró & Lindner 1995; Elmadfa et al. 2000; Matilla et al. 2001; Lelley & Vetter 2004; Fresenius 2007)

Tab. 3.3 Übersicht von wichtigen Mineralstoffen in gängigen Gemüse-, Obst- und Speisepilzarten

Produkte	Natrium (in mg)	Kalium (in mg)	Phosphor (in mg)	Zink (in mg)	Eisen (in mg)	Kupfer (in mg)	Selen (in µg)
Kopfsalat	16	261	22	0,32	0,4	0,05	1,0
Kohlrabi	26	300	51	0,17	0,9	0,02	–
Weißkohl	23	216	29	0,14	0,5	0,02	–
Tomate	5	240	18	0,19	0,6	0,03	1,0
Porree	4	235	46	–	1,0	–	–
Möhre	70	240	36	0,32	2,1	0,04	1,0
Spinat	24	525	55	0,36	4,1	0,20	1,0
Apfel	2	112	12	0,05	0,5	0,03	1,0
Banane	22	500	27	0,19	0,5	0,09	1,0
Zitrone	4	275	32	0,02	0,6	0,01	–
Sauerkirsche	5	185	13	0,14	0,4	0,06	1,0
Weintraube	2	195	20	0,14	0,5	0,04	2,0
Champignon	4,8	339	91	0,34	0,4	0,20	29,7
Austernpilz	2,5	216	58	0,38	0,6	0,09	16,0
Kräuterseit-ling	1,5	265	99	0,57	0,7	0,08	14,2
Shii-take	1,4	249	82	0,96	1,4	0,15	5,7

Angaben in Milligramm (bei Selen in Mikrogramm, µg) je 100 g Frischprodukt (nach Biró & Lindner 1995; Elmadfa et al. 2000; Matilla et al. 2001; Lelley & Vetter 2004; Fresenius 2007)

3.2   Lebenselixier Pilze – vitalisierend, heilend, potenzsteigernd

Pilze in der traditionellen chinesischen und europäischen Medizin

Die Verwendung von Pflanzen als Grundlage medizinischer Aktivitäten, sprich Heilbehandlungen, geht bis in die früheste Zeit der Menschheitsgeschichte zurück und hält bis heute an. Wie Pflanzen als Heilmittel eingesetzt werden können, war das Thema unzähliger Abhandlungen – von der *Materia medica* des Dioskurides, der *Medicina Plinii* von Plinius Secundus Junior im 4. Jahrhundert über die Werke der Hildegard von Bingen (1098–1179) bis zu den teilweise mehrfach verlegten Kräuterbüchern der Neuzeit. Als das älteste deutschsprachige Werk, in dem Anweisungen für die Heilbehandlung mit Pflanzen beschrieben sind, gilt das *Lorscher Arzneibuch,* auch *Codex Bambergensis Medicinalis* genannt, das Anfang des 9. Jahrhunderts in der südhessischen Benediktinerabtei Lorsch entstanden ist und heute in der Staatsbibliothek Bamberg aufbewahrt wird. Literatur über Heilkräuter, über deren Beschreibung und Wirkung, ist auch heute reichlich erhältlich; das Angebot allein beim Versandhändler Amazon umfasst momentan rund 30 Titel.

Eine wesentliche, wenn nicht sogar entscheidende Stütze der Pflanzenheilkunde, auch Phytotherapie genannt, war die kontinuierliche Kultivierung von Heilpflanzen. Mönche im Kloster Reichenau legten bereits um das Jahr 830 den Plan eines Gartens für Heilpflanzen

an, und ihrem Beispiel folgten später viele weitere. Heilpflanzen werden auch heute weltweit in großem Umfang
kultiviert. Allein in Deutschland hat man im Jahr 2014,
nach einer Mitteilung des Industrieverbandes Agrar, auf
13.000 ha 75 verschiedene Arzneipflanzen angebaut. Und
entsprechend der Zielsetzung der Bundesregierung soll
die Anbaufläche bis 2020 sogar auf 20.000 ha ausgedehnt
werden. Aber auch das Sammeln von Heilkräutern war
immer schon weit verbreitet und wird bis heute, besonders
von sogenannten Kräuterfrauen, praktiziert. Als besonders
günstig erweist sich dabei die Tatsache, dass Pflanzen alljährlich zuverlässig an bestimmten Standorten wachsen.

So ist es nicht verwunderlich, dass die Fülle der pflan-
zenbasierten Arzneimittel und Heiltees unüberschaubar
ist, obwohl Heilpflanzen zunehmend mit im Labor syn-
thetisch hergestellten bzw. neuerdings auch gentechnisch
erzeugten Arzneimitteln konkurrieren müssen. Dennoch
ist es selbst in der modernen, postindustriellen Wissensge-
sellschaft allgemein bekannt, dass Pflanzen eine heilende
Wirkung innewohnt. Und deshalb spielt die Phytotherapie in der Medizin immer noch eine bedeutende Rolle –
die sogar noch zunimmt, da sich immer mehr Menschen
natürlichen Heilmethoden zuwenden.

Wer aber von den Otto Normalverbrauchern würde
auf den Gedanken kommen, dass auch zahlreiche Großpilze heilen können? Kaum jemand. Viele schätzen Pilze
als Lebensmittel und mögen ihren Duft und ihr Aroma.
Dass manche giftig sind, ist Standardwissen, was Pilzen
völlig unangemessen ein negatives Image verleiht. Denn
nur relativ wenige Pilze sind lebensgefährlich giftig, und
es gibt mehr giftige Pflanzen als giftige Pilze. Dass Pilzen

Heilkraft innewohnt, weiß man bestenfalls von manchen mikroskopisch kleinen Arten, die Antibiotika bilden. Die Nachricht von der Heilwirkung von Champignons und Co. überfordert die Vorstellungskraft der meisten Menschen.

Sehr zu Unrecht! Denn die Heilwirkung mancher Großpilze ist in der Volksheilkunde und in der Klostermedizin schon seit Jahrtausenden bekannt. Inzwischen gibt es für die Heilkunde mit Pilzen sogar einen treffenden Ausdruck, Mykotherapie, der abgeleitet ist von der Bezeichnung der Wissenschaft der Pilze, der Mykologie, und sich sinngemäß an die Pflanzenheilkunde, die Phytotherapie, anlehnt. Mykotherapie meint den Einsatz von Großpilzen für die Prävention (Vorbeugung) und die Therapie von Gesundheitsstörungen bei Menschen wie auch bei manchen Haustieren. Sie hat sich heute weltweit zu einer bedeutenden Sparte der Naturheilverfahren entwickelt. Mit der Mykotherapie gesellt sich zur wichtigen Rolle der Großpilze in der Nahrungsmittelversorgung und in der gesunden Ernährung eine weitere bedeutende Verwendungsmöglichkeit hinzu: die der Krankheitsvorbeugung und -bekämpfung. Auch in diesem Bereich haben Pilze inzwischen große Bedeutung erlangt.

Allerdings hatte die Mykotherapie über Jahrtausende hinweg mit einem großen Handicap zu kämpfen: Man konnte Heilpilze, im Gegensatz zu Heilkräutern, nicht in nennenswertem Umfang anbauen. Denn die Pilzkultivierung war weitgehend unbekannt. Der primitive Anbau von Heilpilzen, worauf einige antike und fernöstliche Quellen hindeuten, konnte nicht die Ressource der Heilpilze der damaligen Mykotherapie gewesen sein. Man hat

Heilpilze stattdessen ausschließlich in der Natur gesammelt. Da jedoch die meisten Pilze lange nicht so zuverlässig wie Pflanzen jedes Jahr an denselben Standorten wachsen und bald danach auch wieder verwesen, war es schwierig, Heilpilze auf Vorrat zu beschaffen. Ärzte und Apotheker griffen deshalb hauptsächlich auf die wenigen mehrjährigen baumbewohnenden Arten wie den Lärchenporling *(Laricifomes officinalis)* oder den Zunderschwamm *(Fomes fomentarius)* zurück. Das Problem der Rohstoffbeschaffung hat sich erst in der zweiten Hälfte des 20. Jahrhunderts allmählich erledigt, als Pilzforschern weltweit die Domestizierung verschiedener Großpilze gelang und neben dem Kulturchampignon bald auch weitere Arten kommerziell angebaut wurden. Aber kehren wir erst einmal zu den Anfängen der Mykotherapie zurück, soweit sie in medizingeschichtlichen und ethnomykologischen Berichten erfasst wurde.

Zahlreiche Fachleute vertreten die Meinung, dass die Wiege der Mykotherapie in China liege. Sie beziehen sich dabei auf die Verwendung des Glänzenden Lackporlings *(Ganoderma lucidum)* in der traditionellen chinesischen Medizin (TCM), der dort seit etwa 3500 Jahren als „Ling chih" „göttliches Heilkraut", „magische Pflanze" und als „Pflanze der Unsterblichkeit" gepriesen wird. In Japan, wo dieser Pilz ebenfalls seit Langem medizinische Zwecke erfüllt, nennt man ihn „Reishi", was etwa die gleiche Bedeutung hat. Es wird berichtet, dass sich in China im 3. Jahrhundert v. Chr. der Kult entwickelte, ein Elixier für die Unsterblichkeit oder zumindest für die Verlängerung des Lebens zu sich zu nehmen. Dieses Elixier soll auch einen Pilz namens „chih" enthalten haben. Davon jedenfalls berichten die frühesten Aufzeichnungen der chinesischen Alchemie, und wir wissen inzwischen, dass sich hinter „chih" der Glänzende Lackporling verbirgt. So hat auch der Alchemist Ge Hong in seinem Werk *Baopu Zi* über „chih" geschrieben und meinte sogar, dass man ihn kultivieren könne. Kaiser Qin Shi Huang Di (259–210 v. Chr.), bekannt durch die Errichtung der Großen Mauer, scheute keine Mühe, das Elixier der Unsterblichkeit zu erlangen. Er schickte Hsu Fu, einen Hofarzt und Magier, zweimal – zwischen 219 und 210 v. Chr. – mit einer Flotte von 60 Schiffen und 3000 Mann Besatzung an Bord in die östlichen Meere, um nach dem Elixier des ewigen Lebens zu suchen Die Expeditionen blieben jedoch erfolglos. Erst gut 100 Jahre später tauchten im kaiserlichen Palast Abbildungen des Glänzenden Lackporlings auf. Die Suche nach „chih" war also endlich erfolgreich. Die außerordentliche Wertschätzung dieses Pilzes beweist auch eine Anordnung des Kaisers Chen Sung im Jahre 1004, der befahl, dass alle Exemplare des Ling chih, die im Reich gefunden werden, am Hofe abgegeben werden müssen. Man hat dem Kaiser, den Berichten zufolge, innerhalb von drei Jahren 10.000 Exemplare ausgehändigt. So blieben der Pilz und seine wohltuende Wirkung der kaiserlichen Familie und den wichtigsten Hofbeamten vorbehalten. Die Vielfalt dieser wohltuenden Wirkung sowie der medizinischen Verwendung des Pilzes war in China damals unglaublich groß. Ob bei Nierenentzündung, Schlaflosigkeit, Bronchitis, Asthma, Magengeschwüren oder Fettleibigkeit – Ling chih schien immer zu helfen. Besonders erwähnen möchte ich an dieser Stelle den chinesischen Universalgelehrten und Arzt Li Shih-Chen, der zwischen 1518 und 1593, also zu

Zeiten der Ming-Dynastie (1368–1644), lebte und das vielleicht bedeutendste naturwissenschaftliche Werk seiner Epoche, das *Pen Tsao Kang Mo* (Enzyklopädie der *Materia Medica*), schrieb. Es erschien nach etwa 30 Jahren Arbeit im Jahr 1587 in dritter und letzter Fassung und enthält unter anderen den folgenden Hinweis:

> Verzehrt man Ling chih über eine längere Periode, erhöht sich die Intelligenz und verschwindet die Vergesslichkeit. Die Flinkheit des Körpers wird nicht enden und die Jahre verlängern sich zu solchen von unsterblichen Feen.

Eine verheißungsvolle Prophezeiung.

Im 7. Jahrhundert, zu Zeiten der Tang-Dynastie, kamen Berichte über den medizinischen Einsatz des Judasohrs *(Auricularia polytricha)* auf. Man hat den Pilz damals für die Behandlung von Hämorrhoiden verwendet. Später kamen weitere Anwendungen hinzu. Er wurde in der Volksheilkunde gegen Schwächezustände nach einer Geburt, gegen Verstopfung der Blutgefäße, aber auch gegen Gefühllosigkeit empfohlen. Ebenfalls zur Zeit der Ming-Dynastie pries der Arzt Whu Shui den Shii-take *(Lentinula edodes)* als Lebenselixier an, das Erkältungen heilt, die Durchblutung anregt und für eine bessere Ausdauer sorgt. In der Volksheilkunde galt der Shii-take als „Blutaktivator" und wurde bei Lungenentzündungen, Magen- und Kopfschmerzen, bei Pocken und selbst bei Pilzvergiftungen verabreicht. Das Silberohr *(Tremelle fuciformis),* ein weiterer Pilz mit Heilkraft, wird in China seit mindestens 400 Jahren gegen Tuberkulose, Erkältungskrankheiten und Bluthochdruck verwendet – und die Liste ist damit noch lange nicht zu Ende.

Auf der Grundlage dieser Überlieferungen könnte man sich vorstellen, dass die Mykotherapie ihren Ursprung tatsächlich in China hat; oder zumindest in Ostasien, wie von vielen Fachleuten vermutet wird. Es gibt andererseits aber auch Indizien dafür, dass die Wiege der Mykotherapie in Europa ist, hat man doch zumindest einen Fall dokumentiert, bei dem die Verwendung von Pilzen als Medizin deutlich älteren Datums ist. Es ist dies der berühmte Fall des Mannes aus dem Eis.

Im September 1991 fanden Wanderer in den Ötztaler Alpen in Südtirol in über 3000 m Höhe die Mumie eines im Eis eingefrorenen Mannes, der unter dem Namen „Ötzi" Weltruhm erlangen sollte. Durch die Konservierung im Eis blieben die Mumie und die meisten seiner mitgeführten Werkzeuge so gut erhalten, dass sich Wissenschaftler nach jahrelangen Untersuchungen ein fast lückenloses Bild über Ötzis Leben und seine Todesumstände machen konnten. Eines der mitgeführten Utensilien war eine Sensation für die Ethnomykologie, worüber neben vielen anderen Fachleuten Dr. Angelika Fleckinger, Direktorin des Südtiroler Archäologiemuseums in Bozen, wo Ötzi aufbewahrt wird, zu berichten wusste:

Zur Ausstattung des Mannes aus dem Eis gehörte auch eine bescheidene medizinische Ausrüstung. An zwei Fellstreifen waren zwei aus dem Fruchtkörpergewebe des Birkenporlings *(Piptoporus betulinus)* herausgeschnittene Klumpen aufgefädelt. Sie dienten mit großer Wahrscheinlichkeit therapeutischen Zwecken (…) Die toxischen Öle in den Baumschwämmen könnten (…) zudem als Wirkstoff gegen Darmparasiten eingesetzt worden sein, unter denen Ötzi litt.

In wissenschaftlichen Publikationen wird berichtet, dass der Birkenporling ein hochwertiger Heilpilz ist, der unter anderem eine antiparasitische, antibakterielle und laxative Wirkung hat. Somit ist es durchaus nachvollziehbar, dass Ötzi die Birkenporlinge dabeihatte, um sich daraus einen Tee gegen seine Darmbeschwerden zu kochen – genauso, wie es in manchen Gegenden Deutschlands auch heute noch gemacht wird.

Der Paläopathologe Albert Zink und der Mikrobiologe Frank Maixner von der Europäischen Akademie in Bozen haben kürzlich im Verdauungstrakt von Ötzi *Helicobacter pyroli* nachgewiesen. Ein Bakterium, das die halbe Menschheit in sich trägt. Sie wiesen einen potenziell virulenten Stamm des Bakteriums nach, worauf Ötzis Immunsystem bereits reagierte. Neben Antibiotika wird auch heute gerne eine Kräutertherapie gegen das Bakterium empfohlen. Bevorzugte Kräuter sind Knoblauch, Zimt und Brokkoli. Es ist somit mehr als wahrscheinlich, dass Ötzi seine Magenschmerzen und Unwohlsein, Übelkeit und Blähungen mit dem Sud des Birkenporlings behandelte.

Und jetzt kommt die Sensation: Man konnte das Alter von Ötzi mithilfe der Radiokarbonmethode zweifelsfrei bestimmen. Demnach lebte er zwischen 3350 und 3100 v. Chr., also vor mehr als 5000 Jahren. Und damit können wir die schwer widerlegbare These aufstellen, dass die Mykotherapie in Europa auf eine längere Vergangenheit zurückblicken kann als in Ostasien.

Sucht man nach schriftlichen Aufzeichnungen über die Verwendung und Wirkung von Pilzen als Medizin, ist die abendländische Literatur kaum ärmer als die chinesische. Ärzte und Naturforscher im antiken Griechenland und Rom hatten durchaus Kenntnisse von der Heilwirkung mancher Pilze und schrieben diese Kenntnisse auch nieder. Besondere Erwähnung verdient in dieser Hinsicht der Naturforscher Plinius der Ältere (23–79 n. Chr.), der in seiner *Historia Naturalis* ausführlich über das Agaricum berichtet. Hinter dem Agaricum verbirgt sich der bereits an früherer Stelle erwähnte Lärchenporling *(Laricifomes officinalis)*, ein parasitisch lebender Pilz, der vorwiegend an alten Lärchen vorkommt. Plinius beschreibt zahlreiche Indikationen des Lärchenporlings, die ich der besseren Übersicht wegen in Tab. 3.4 zusammengestellt habe. Außer Plinius haben auch die antiken Ärzte Dioskurides, Scribonius Largus (beide im 1. Jahrhundert n. Chr.) und Galenos (130–199) von der Heilwirkung des Lärchenporlings berichtet. Dioskurides nannte ihn „Agaricon" und empfahl ihn gegen nahezu alle inneren Leiden, Galenos wies auf seine abführende Wirkung hin und Largus schlug ihn als Mittel gegen Darm- und Hauterkrankungen vor. Auch im Lorscher Arzneibuch gibt es Rezepturen, die Agaricum enthalten. Bekannt ist die Zusammensetzung eines milden Pulvers gegen Rotz und Schwarze Galle, das im Magen alles auf schonende Weise lösen soll, was auch immer darin geronnen ist, und das zudem vom Stockschnupfen befreien soll. Es besteht neben keltischem Speik, Quendelseide, Anis, Schwarzer Nieswurz, Salbeisamen, Zimt, Ammoniakgummi auch aus 4,5 g Agaricum. Die zu einem Pulver gemahlene Mischung der Bestandteile wird in süßen Wein gegeben und vor dem Schlafengehen getrunken. Auch das Heilmittel „Gottesgeschenk", das bei Ohnmachts- und Schwindelanfällen, bei Kopfschmerzen und bei vielen anderen Leiden eingesetzt wurde und insgesamt aus mehr als 15 verschiedenen Zutaten besteht, enthält Agaricum.

Tab. 3.4 Verwendung des Lärchenporlings, Agaricum (*Laricifomes officinalis*) in der antiken Heilkunde nach Plinius. (Nach Hobbs, 1995)

Indikationen	Dosierungen
Gegen Spinnen- und Skopionenbiss	Eingenommen in 4 Chyatus von Wein
Schutz vor schädlichen Stoffen, als eine Komponente der sogenannten mithridatischen Rezeptur	Mit Samen der Flockenblume und Osterluzei eingenommen
Als leichtes Abführmittel	Die Menge von 2 Drachmen mit wenig Salz, eingenommen mit Wasser oder in 3 Obolos von Honigwein
Gegen Störungen der Milz, Behandlung von Harnzwang, von Verletzungen der Achillessehne und gegen Schulterschmerzen	3 Obolos in 1 Chyatus von altem Wein eingenommen
Gegen Tuberkulose	2 Obolos in Rosinenwein eigenommen
Gegen Magenverstimmung	Eingenommen in heißem Wasser nach der Mahlzeit
Zur Befreiung vom Frösteln bei Fieber	Eingenommen in heißem Wasser
Gegen Wassersucht	2 volle Löffel in Wasser eingenommen
Gegen Gelbsucht	3 Obolos in 1 Chyatus von altem Wein eingenommen
Für die Heilung von Quetschungen und Blutergüssen	2 Obolos in 3 Chyatus Honigwein eingenommen
Zur Befreiung von hysterischen Erstickungsanfällen bei verspäteter Menstruation	3 Obolos in 1 Chyatus von altem Wein

Chyatus (gr. *kyathos*), Becher; Drachma, altes Medizinalgewicht, unterschiedlich, in Deutschland 3,73 g: Obolos, antikes griechisches Massemaß, 0,72 g

Im späten Mittelalter berichtete die Benediktiner-Äbtissin Hildegard von Bingen (1098–1179) in ihrem Werk *Physica* über die Wirkung und die Verwendungsmöglichkeiten von Pilzen (Abb. 3.2). Einen Pilz, der auf Buchen wächst, empfiehlt sie schwangeren Frauen, die schwer an der Last der Geburt zu tragen haben: Sie sollen den Pilz von der Buche nehmen und ihn so lange in Wasser kochen, bis er ganz zerfällt. Dann sollen sie ihn durch ein Tuch sieben und aus dem Saft, unter Zugabe von Fett, eine Suppe machen. Wenn sie zweimal am Tag von dieser Suppe essen, werden sie *„vom Schmerz ihrer Geburt leichter gelöst werden"*. Einen anderen Pilz, der an Weiden wächst, empfiehlt sie einem Kranken, dem die Lunge schmerzt.

Der „koche den Pilz in Wein, und füge etwas Kümmel und Fett bei und so schlürfe er diese Suppe und auch den Pilz esse er so. Aber auch derselbe Pilz, so gegessen, mildert den Schmerz des Herzens und den Schmerz der Milz, weil das Herz bisweilen davon schmerzt, dass Magen und Lunge und Milz durch üble Säfte es schwächen".

In späteren Jahrhunderten waren die Kenntnisse über die Heilwirkung der Pilze in den berühmten Kräuterbüchern wie denen von Hieronymus Bock, Peter Melius, Adamus Lonicerus u. a. dokumentiert. In diesen wird neben dem Lärchenporling über die Heilwirkung des Riesenbovist *(Langeramannia gigantea),* des Judasohrs *(Auricularia auricula-judae)* und des Hirschtrüffels *(Elaphomyces granulatus)* berichtet. Ein Arzt namens Johannes Philippus Breynius legte 1702 sogar eine Doktorarbeit an der Universität Leyden mit dem Thema vor: *Dissertatio medica inauguralis de fungis officinalibus et eorum usu in medicina,* zu Deutsch: *Eine medizinische Doktorarbeit*

HILDE GARDIS *a* Virgin *Prophetefs*, Abbefs *of*
S.*t* Rvperts *Nunnerye*. *She died at Bingen A° Do:*
1180. Aged 82 yeares.
W.Marßhall ßculpßit.

Abb. 3.2 Hildegard von Bingen (1098–1179) empfahl Pilze zur Heilung, deren Identität aber leider unbekannt ist

über Heilpilze und ihre Verwendung in der Medizin. Darin beschäftigte sich Breynius ausführlich mit dem Lärchenporling, dem Judasohr, dem Riesenbovist und der Hirschtrüffel.

Besonders reichhaltig sind die Hinweise über die Verwendung von Pilzen in der deutschsprachigen Volksheilkunde. Die Stinkmorchel *(Phallus impudicus)* half gegen Gicht, die Anistramete *(Trametes suaveolens)* gegen Lungenschwindsucht, der Echte Zunderschwamm *(Fomes fomentarius)* wurde zur Blutstillung und die Hirschtrüffel *(Elaphomyces granulatus)* zur Potenzsteigerung verwendet. Manche Pilze wurden auch zur Regulierung der Verdauung eingesetzt. Der Schuppige Schwarzfußporling *(Polyporus melanopus)* und der Schwefelporling *(Laetiporus sulphureus)* wirkten leicht stopfend, weshalb man ihren Verzehr bei chronischen Durchfällen empfohlen hat. Der Hallimasch *(Armillaria mellea)* stand dagegen im Ruf, ein Abführmittel zu sein. Auf diesen Effekt weist auch sein Name hin, der Berichten zufolge aus Österreich kommt und von der volkstümlich-drastischen Wendung *„Hal im Arsch"* abstammen soll.

Wenn man über die Verwendung von Pilzen in der Volksheilkunde berichtet, müssen auch die Studien des Ethnographie-Professors der Universität von Bukarest, Zsigmond gyözö, erwähnt werden, der viele wertvolle Informationen aus dem gesamten Karpatenbecken zusammengetragen hat. Hier einige Beispiele:

- Langstieliger Pfeffer-Milchling *(Lactarius piperatus)* gegen Wurmerkrankung,
- Stinkmorchel *(Phallus impudicus)* gegen Rheuma,
- Zunderschwamm *(Fomes fomentarius)* gegen Kopfschmerzen, Schwitzen, zur Blutstillung,
- Glänzender Lackporling *(Ganoderma lucidum)* bei Gesichtslähmung und Schlaganfall, da er aussieht wie ein Löffel und als solcher zum Essen verwendet wird,

- Pfifferling *(Cantharellus cibarius)* gegen Lebererkrankung,
- Judasohr *(Auricularia auricula-judae)* bei Augenschmerzen,
- Rauhliche Hirschtrüffel *(Elaphomyces asperulus)* bei Herzbeschwerden.

Ich hoffe, mit diesem kurzen geschichtlichen Exkurs hinreichend gezeigt zu haben, dass nicht nur Heilkräuter, sondern auch Pilze schon seit Langem eine zentrale Bedeutung in der Medizin haben.

Während jedoch die Kenntnisse über Heilkräuter und deren Wirkung die Zeit überdauerten und ihre Verwendung in Arztpraxen, bei Heilpraktikern und in der Selbstmedikation heute geradezu eine Renaissance erlebt, geriet das Wissen über die Heilwirkung der Großpilze im Abendland im Lauf der Jahrhunderte weitgehend in Vergessenheit. Im Gegensatz zu den ostasiatischen Ländern ist davon im Westen kaum etwas übrig geblieben. Als im Laufe des 19. Jahrhunderts die ersten Arzneimittelfabriken entstanden, die auch Heilkräuter verarbeiteten, waren Pilze als Rohstoffe nicht verfügbar. Da sie kaum kultiviert werden konnten, haben sich Pilze einer industriellen Verwertung und folglich einer verbreiteten therapeutischen Nutzung widersetzt.

Entstehung und Entwicklung der modernen Mykotherapie

Im Januar 1957 publizierte eine Forschergruppe einen Beitrag über die antitumorale (krebshemmende) Wirkung eines Extraktes vom Steinpilz *(Boletus edulis)* und einiger verwandter Pilzarten (Abb. 3.3). Ein Jahr später traten

Abb. 3.3 Steinpilze *(Boletus edulis)*. In ihnen wurde zum ersten Mal wissenschaftlich eine krebshemmende Wirkung nachgewiesen, Foto Karin Montag, www.tintling.com

andere Forscher mit der Nachricht vor die Öffentlichkeit, dass die Gruppe der Großstäublinge, zu denen auch der Riesenbovist *(Langermannia gigantea)* gehört, ebenfalls antitumoral wirkende Substanzen enthält (Abb. 3.4). Im Jahr 1960 berichteten sie schließlich über eine konkrete Substanz, die dafür verantwortlich sei, und nannten sie „Calvacin". Sie zeigte in Laborexperimenten eine positive Wirkung gegen verschiedene Krebsarten, unter anderem gegen Bindegewebstumore und gegen Leukämie. Im Jahr 1962 fanden Forscher im japanischen Laternenpilz *(Lampteromyces japonicus)* eine Substanz, die bei Versuchstieren gegen den Ehrlich-Aszites-Tumor wirksam war. Die

Abb. 3.4   Riesenbovist *(Langermannia gigantea)*. Er ist nicht nur essbar, sondern seit Jahrhunderten, bis heute, ein geschätzter Heilpilz

Arbeitsgruppe von Professor Goro Chihara in Japan wies schließlich 1969 erstmalig bei einem kultivierten Pilz, nämlich beim Shii-take, ein Polysaccharid (Mehrfachzucker) nach, das bei Mäusen das Wachstum des Bindegewebstumors Sarkoma 180 hemmte.

Die generelle Wende in der Beurteilung der Großpilze aus gesundheitlicher Sicht läutete der IX. Internationale Kongress über Wissenschaft und Kultivierung von Speisepilzen der International Society for Mushroom Science (ISMS) ein, der 1974 in Tokio und Taipei stattfand. Die Organisatoren dieses Kongresses, allen voran Dr. Kisaku Mori, stellten damals die Heilkraft der Großpilze, insbesondere des Shii-take, in den Mittelpunkt des Interesses.

Auf späteren internationalen Tagungen wurden diesbezüglich weitere einschlägige Forschungsergebnisse veröffentlicht. Seit 1999 wird von einem Expertenkollegium das *International Journal of Medicinal Mushrooms* herausgegeben, das sich ausschließlich dem Thema „Heilpilze" widmet und mittlerweile im 19. Jahrgang publiziert wird. So reißt der wissenschaftliche Informationsfluss über die das Immunsystem modulierende, gesundheitsfördernde und heilende Wirkung zahlreicher Großpilze nicht ab. Seit 2001 findet alle zwei Jahre auch eine internationale Fachkonferenz statt, deren Schwerpunkt auf der Heilkraft der Großpilze liegt. Überhaupt gibt es auf dem Feld der angewandten Mykologie inzwischen keine wissenschaftliche Veranstaltung, bei der nicht über die Heilkraft der Pilze referiert wird oder sogar eigene Workshops darüber abgehalten werden.

Man trug den neuen und aufregenden Entwicklungen von Anfang an auch in Deutschland Rechnung. In manchen Laboratorien gerieten Großpilze mit Heilkraft auch hierzulande in den Mittelpunkt des Interesses.

Dr. Rolf Siek, Forscher in einer traditionsreichen Kölner Arzneimittelfabrik, begann 1975 mit dem Schopftintling *(Coprinus comatus)* zu experimentieren. Man wusste von diesem Pilz, dass er den Blutzucker zu senken vermag. Schon in den 1950er-Jahren berichtete der französische Arzt Potron, dass manche Pilze offenbar diese Wirkung haben. Potron war selbst Diabetiker, aß im Frühjahr täglich 250 bis 300 g Mairitterlinge *(Calocybe gambosa)* und stellte nach einigen Tagen eine „insulinähnliche Wirkung" fest. Diesen Beobachtungen ging der deutsche Mykologe Kronberger nach, der, ebenfalls Diabetiker, unter ärztlicher Kontrolle Selbstversuche durchführte und noch andere Pilze fand, die eine blutzuckersenkende Wirkung haben – besonders bemerkenswert war dieser Effekt beim Schopftintling *(Coprinus comatus)*. Schließlich veröffentlichte Kronberger 1964 in der Zeitschrift der Naturwissenschaftlichen Gesellschaft von Bayreuth seinen Erfahrungsbericht. Darin empfahl er eine regelrechte Kur in Form regelmäßigen Pilzkonsums und regte an, dieses Phänomen „zum Segen der vielen Zuckerkranken" wissenschaftlich weiter zu untersuchen.

In Expertenkreisen fand Kronbergers Rat gut zehn Jahre lang keine Resonanz. Das Schopftintling-Phänomen blieb zunächst unerforscht, bis Dr. Siek 1975 schließlich eine größere Anzahl an Schopftintling-Proben, die in ganz Deutschland gesammelt wurden, in Tierversuchen testete. Seine Ergebnisse waren verblüffend: Schon eine kleine Menge des Pilzes führte zu einer erheblichen Senkung des Blutzuckers bei den Versuchstieren. Die verwendete Kontrollsubstanz, ein handelsübliches Antidiabetikum, wirkte nur geringfügig stärker als der Schopftintling.

In der Folgezeit habe auch ich mich in dieses Projekt eingeklinkt und stellte Dr. Siek aus unseren Kultivierungsversuchen für weitere Experimente größere Mengen Schopftintlinge zur Verfügung. Leider erzielten diese Experimente nicht das erwartete Resultat. Der blutzuckersenkende Effekt der kultivierten Pilze war schwächer als der ihrer gesammelten wild wachsenden Artgenossen. Aber zur Resignation gab es dennoch keinen Grund. Im Gegenteil: Es waren weitere umfangreiche Untersuchungen vorgesehen, um die Ursachen der geringeren Wirkung der kultivierten Pilze herauszufinden. Die Realisierung solcher Untersuchungen bedurfte jedoch der Hilfe einer Forschungseinrichtung, die die Möglichkeit hatte, den Nachweis der blutzuckersenkenden Wirkung serienmäßig durchführen zu können. Am sinnvollsten erschien die Zusammenarbeit mit Medizinern. Aber gerade an diesem Punkt musste das Vorhaben aufgegeben werden. Denn die blutzuckersenkende Wirkung des Schopftintlings sei nicht von Interesse – so wurde seitens der Mediziner argumentiert –, da bereits eine Anzahl wirksamer Medikamente gegen Diabetes zur Verfügung stünde.

Von einem fernöstlichen Verwandten des bei uns heimischen Judasohrs, *Auricularia polytricha,* wurde schon lange vermutet, dass er ein die Blutgerinnung hemmendes Prinzip enthalten könnte. Es wurde berichtet, dass in manchen Gegenden Ostasiens, wo dieser Pilz gängiges Nahrungsmittel ist, die Thrombose- und Herzinfarkthäufigkeit in der Bevölkerung signifikant unter dem Durchschnitt der Bevölkerung anderer Landstriche liege.

Mitarbeiter einer anderen Kölner Arzneimittelfabrik, namentlich Dr. Bruno Christ und Dr. Kurt Kesselring, wollten Ende der 1970er-Jahre das Phänomen aufklären und ließen eine größere Menge des getrockneten *Auricularia polytricha* nach Köln liefern. Sie verfügten über einen Test, mit dessen Hilfe eine die Blutgerinnung hemmende Wirkung schnell und zuverlässig nachgewiesen werden konnte. Die Pilze wurden einer wässrigen und alkoholischen Extraktion unterzogen, und die gewonnenen Extrakte bestätigten die Erwartungen. Der antithrombotische Effekt stellte sich ein.

Nun wurde der Pilz Schritt für Schritt in seine Bestandteile zerlegt, um die Substanz zu finden, die für den Effekt verantwortlich war. Auch diese Arbeit war von Erfolg gekrönt. Eines Tages lag die aktive Substanz des *Auricularia polytricha* vor. Dann jedoch kam die Enttäuschung: Sie war bereits bekannt und deshalb nicht schutzfähig; es konnte kein Patent auf das antithrombotische Prinzip des fernöstlichen Judasohrs beantragt werden. Übrig blieb nur die Erfindung einer diätetischen Zubereitung, bestehend aus Ballaststoffen wie Kleie und Pektin sowie aus Vitaminen, Mineralstoffen und aus der antithrombotisch wirksamen Fraktion des *Auricularia polytricha*. Dieses Produkt wurde aber nie auf den Markt gebracht. Nachdem die Firma Nattermann die Erfindung wenige Jahre später freigegeben hatte, haben die Erfinder versucht, andere Unternehmen dafür zu interessieren. Diese Bemühungen blieben leider ebenfalls erfolglos.

Mittlerweile aber ist die Zeit reif, um die Mykotherapie als eigenständigen Bereich der Naturheilkunde zu akzeptieren und zu etablieren. Dieser Anspruch ist allein schon wegen der zahlreichen Pilze gerechtfertigt, die inzwischen wissenschaftlich auf ihre das Immunsystem modulierende und heilende Wirkung untersucht wurden und mittlerweile auch schon in der Praxis eingesetzt werden. Man spricht heute weltweit von sogenannten *mushroom nutriceuticals*. Dies sind veredelte, ihren Inhaltsstoffen betreffend teilweise erforschte Extrakte aus Pilzmyzel, insbesondere jedoch aus Pilzfruchtkörpern, die in Kapseln oder als Tabletten, gelegentlich als Flüssigkeit, angeboten werden. Diese Produkte werden in Deutschland als Nahrungsergänzungsmittel bezeichnet und angeboten. Man erwartet von ihnen eine gesundheitsfördernde oder heilende Wirkung.

Das Wort „Heilpilz" ist mittlerweile in der deutschen Sprache etabliert. Es ist eine annähernd sinngemäße Übersetzung der weit verbreiteten englischen Bezeichnung *„medicinal mushroom"*. Die Übersetzung als „Heilpilz" ist jedoch irreführend und daher zu beanstanden. Das Wort „Heilpilz" ist abgeleitet aus „Heilpflanze". Da es aber inzwischen allgemein bekannt ist, dass Pilze keine Pflanzen sind, können sie auch nicht mit Pflanzennamen belegt werden. So weit wäre auch alles in Ordnung. Jedoch gibt es für die Bezeichnung „Heilpflanze", die als Vorbild gilt, eine klare Definition, die auf Heilpilze nicht zutrifft.

Gängigen Lexika, wie etwa Wikipedia, Brockhaus oder Meyer, lässt sich folgende Definition entnehmen: Eine „Heilpflanze" – alternativ „Arzneipflanze" genannt – ist eine Pflanze, die wegen ihres Gehaltes an Wirkstoffen ganz oder teilweise zu Heilzwecken bzw. zur Linderung von Krankheiten verwendet wird und auf deren Gebrauch nachweisbare Heilerfolge direkt und zweifelsfrei zurückgeführt werden können. Heilpflanzen werden für medizinische Zwecke und in der Regel zur Herstellung von Arzneimitteln verwendet.

Dies alles trifft auf Pilze (noch) nicht zu. Denn Pilze werden generell den Lebensmitteln zugeordnet. Viele sogenannte Heilpilze stehen auf der amtlichen Liste der Speisepilze im Deutschen Lebensmittelbuch. Die veredelten Zubereitungen aus Pilzen gelten als Nahrungsergänzungsmittel (NEM); es sind Produkte, die zwischen Arzneimitteln und Lebensmitteln angesiedelt sind. Die offizielle Funktion von Nahrungsergänzungsmitteln ist die Ergänzung der üblichen Ernährung durch bestimmte wichtige, wünschenswerte Nährstoffe in konzentrierter Form.

Nahrungsergänzungsmittel können auch solche Stoffe beinhalten, die keinen Nährstoffcharakter haben, sondern für die Erhaltung oder Wiederherstellung der Gesundheit wichtig sind. Aussagen über eine heilende Wirkung sind jedoch selbst bei solchen Produkten – wie auch generell bei Lebens- und Nahrungsergänzungsmitteln – per Gesetz verboten. Deshalb ist auch die Bezeichnung „Heilpilz" in diesem Kontext problematisch.

Gegen die Bezeichnung „Pilze mit Heilkraft" lässt sich jedoch nichts einwenden – außer ihrer Umständlichkeit. Daher spricht man in der Praxis mittlerweile von „Vitalpilzen". So grenzt man Pilze mit Heilkraft von den anderen ab, und so nennt man auch die Nahrungsergänzungsmittel, die aus Pilzen mit Heilkraft hergestellt werden. Ein medizinischer Charakter wird dadurch nicht vorgetäuscht, sondern es wird lediglich gesagt, was auch zweifelsfrei bewiesen ist, nämlich, dass Pilze neben vielen wertvollen Nährkomponenten auch Substanzen enthalten, die nach dem Verzehr im Organismus biologische Prozesse, teilweise auf zellulärer Ebene, beeinflussen und dadurch gesundheitsfördernd und vitalisierend wirken. Diese Substanzen sind sogenannte sekundäre Inhaltsstoffe.

Sekundäre Inhaltsstoffe kennt man aus der Pflanzenwelt, wo sie weit verbreitet sind. Vielfach dienen sie der Abwehr eines Schädlingsbefalls oder von Stressbelastungen anderer Art; unter ihnen finden sich Phenole, Alkaloide, Carotinoide, Terpene und andere. Manche von ihnen haben inzwischen auch für den Menschen große Bedeutung erlangt, da sie gesundheitsfördernd und vitalisierend sind.

Auch Großpilze enthalten sekundäre Inhaltsstoffe, die gesundheitsfördernd und vitalisierend sind. Da Großpilze

heutzutage im Hinblick auf ihre mögliche Heilkraft weltweit intensiv untersucht werden, entdecken die Wissenschaftler immer neue Substanzen und Wirkungen.
Es hat sich sogar gezeigt, dass in den meisten der bisher
untersuchten Arten Heilkräfte schlummern. Diese weiter
zu erforschen und die Forschungsergebnisse in die Praxis
umzusetzen, bedeutet, ein breites Publikum mit „Pilzen
mit Heilkraft" vertraut zu machen. Es ist dies eine große
Herausforderung und zugleich eine große Chance für die
angewandte Mykologie.

Einer kürzlich erschienenen Publikation eines weltweit
führenden Pilzforschers, Professor Solomon Wasser an der
Universität in Haifa (Israel), entnehme ich, dass bei Großpilzen mittlerweile mehr als 130 medizinische Funktionen
beschrieben wurden: antitumorale, immunmodulierende,
antioxidative, herz-kreislauf-schützende, cholesterinsenkende, antivirale, antibakterielle, blutdruck- und blutzuckersenkende, leberschützende und viele andere mehr.
Eine Gruppe chinesischer Wissenschaftler untersuchte
die Ergebnisse der Forschungen über Großpilze mit Heilkraft der letzten 15 Jahre und stellte fest, dass eine therapeutische Wirkung bei 540 Arten nachgewiesen werden
kann. Sie fanden insgesamt 126 therapeutische Effekte.
Allein die antitumorale Wirkung war bei 331 der untersuchten Arten vorhanden. So ist es nicht verwunderlich,
dass inzwischen auch der Weltmarkt der Vitalpilzprodukte
expandiert.

Der weltweite Umsatz von Vitalpilzprodukten belief
sich im Jahr 1994 auf etwa 3,8 Mrd. US$ und stieg bis
2000 auf 14 Mrd. US$ an. Heute werden Schätzungen
zufolge weltweit mehr als 18 Mrd. US$ für *mushroom*

nutriceuticals umgesetzt. Auch in Deutschland gibt es inzwischen einen beachtlichen Markt für Vitalpilzprodukte. Neben zahlreichen Anbietern im Internet bringen auch etablierte Pharmaunternehmen, wie z. B. die Hennig Arzneimittel GmbH aus Flörsheim am Rhein, Produkte auf den Markt, die als Nahrungsergänzungsmittel angeboten werden. Die wohlbekannte Hawlik Vitalpilzprodukte GmbH aus dem bayerischen Straßlach ist sogar seit mehr als 20 Jahren auf diesem Sektor tätig und bietet ein umfangreiches Sortiment von Vitalpilz-Extrakten und Konzentraten sowie sinnvollen Kombinationen von beiden an, ergänzt durch ein umfangreiches Informationsangebot und qualifizierte Beratung für Therapeuten und interessierte Privatpersonen.

Sekundäre Inhaltsstoffe, die Pilzen Heilkraft verleihen

Der wichtigste dieser Inhaltsstoffe ist die Gruppe der **Polysaccharide.** Das sind sogenannte „Vielfachzucker", die aus vielen Einfachzuckern (Monosacchariden) wie Glucose, Fructose, Galactose und anderen zusammengesetzt sind. Die Einfachzucker-Moleküle werden hintereinander gehängt und bilden so eine Kette. Art und Anzahl der Monosaccharide und deren Bindungsstruktur entscheiden über Gestalt und Eigenschaften eines Polysaccharids. Je nachdem, ob die Kette aus nur einer oder aus mehreren Sorten Monosacchariden besteht, spricht man von Homopolysacchariden oder Heteropolysacchariden. Die Cellulose beispielsweise, der wichtigste Bestandteil der

Zellwände von Pflanzen und damit der häufigste Vielfachzucker auf der Erde, besteht nur aus Glucose-Molekülen, ist also ein Homopolysaccharid. Die Heteropolysaccharide hingegen sind in der Natur meistens auch noch an Eiweiße oder Fette gebunden. Als Beispiel nenne ich das Pektin, einen Ballaststoff, der ebenfalls überall in der Pflanzenwelt, in höchster Konzentration aber in den Schalen von Zitronen, Orangen, Grapefruits, Mandarinen und anderen Zitrusfrüchten vorkommt.

Die für die Pilzforschung relevanten Polysaccharide haben ganz unterschiedliche Zusammensetzungen und Strukturen. Sie ähneln sich lediglich darin, dass ihre Bestandteile durch eine sogenannte glykosidische Bindung miteinander verbunden sind. Als glykosidische Bindung bezeichnet man die Verknüpfung zweier Moleküle über beiderseits vorhandene Hydroxylgruppen (OH-Gruppen) oder über eine Hydroxylgruppe einerseits und NH_2-Gruppen andererseits. Die im Fruchtkörper und im Myzel der Großpilze vorkommenden Polysaccharide sind zum Teil biologisch hoch aktiv. Die große Vielfalt an Reaktionen, die sie auslösen können, ist durch ihre große Strukturvariabilität bedingt. Daraus resultiert auch die Tatsache, dass es der Forschung inzwischen gelang, bei Pilzpolysacchariden zahlreiche gesundheitsfördernde und immunmodulierende Wirkungen wie Entzündungshemmung, Hautschutz, Blutzucker- und Blutdrucksenkung sowie antivirale und antitumorale Wirkungen nachzuweisen.

Im Brasil Egerling *(Agaricus brasiliensis)* zum Beispiel, einem Verwandten des Kulturchampignons, fand man 17 Polysaccharid-Fraktionen, von denen sieben eine Antitumoraktivität zeigten. In einem der Austernpilze *(Pleurotus pulmonarius)* wies man 16 Polysaccharide mit antitumoraler Wirkung nach. Geprüft wurde diese Wirkung in Tierexperimenten auf die bösartige Bindegewebsgeschwulst Sarkoma 180, wobei die Tumorhemmung zwischen 8,0 und 100 % lag. Ein weiterer Austernpilz *(Pleurotus citrinopileatus)* enthielt 22 Polysaccharide, deren Antitumorwirkung zwischen 23,0 % und 90,1 % lag. Insgesamt ist die Zahl der Großpilze, in deren Fruchtkörper Polysaccharide mit antitumoraler Wirkung nachgewiesen wurden, kaum noch zu überblicken. Eine japanische Forschergruppe um S. Ohtsuka meldete bereits 1973 ein Patent in Großbritannien und vier Jahre später in den USA auf die folgende Erfindung an: *„Polysaccharids having an anticarcinogenic effect and a method of producing them from species of Basidiomycetes"* (zu Deutsch: Polysaccharide mit antikarzinogener Wirkung und Verfahren für deren Produktion von Ständerpilzen). Untersucht wurden mehrere Hundert Pilzarten!

Natürlich hat nicht jedes Pilzpolysaccharid eine immunmodulierende oder antitumorale Wirkung. Denn diese Wirkung ist an eine bestimmte Struktur gebunden. Die Art, wie die Glucosemoleküle miteinander verknüpft sind, ist dabei von großer Bedeutung. Ferner muss die Polysaccharidkette eine gewisse Länge sowie zahlreiche Verzweigungen und eine bestimmte räumliche Struktur haben. Weitere wünschenswerte Eigenschaften sind ein hohes Molekulargewicht und Wasserlöslichkeit. Zusammenfassend lässt sich sagen: Die 1,3/1,6-β-D-Glucane unter den Pilzpolysacchariden lassen nach den vorliegenden wissenschaftlichen Erkenntnissen die größte immunmodulierende und antitumorale Wirkung erwarten.

Die Wirkung der Pilzpolysaccharide, insbesondere die der Betaglucane, auf das Immunsystem ist vielfältig. Die

wissenschaftliche Fachliteratur darüber ist inzwischen
äußerst umfangreich. Dabei geht man davon aus, dass es
in sogenannten immunkompetenten Zellen von Mensch
und Tier – also in Zellen, welche die Aufgabe und die
Fähigkeit haben, auf ein bestimmtes Antigen spezifisch
zu reagieren – einen Erkennungsmechanismus gibt, der
speziell auf Glucane anspricht. Sind die Glucaneinheiten
einmal erkannt, werden sie an einen Rezeptor gebunden,
und danach beginnen sie mit ihrer modulierenden Tätigkeit und üben ihre positive Wirkung sowohl auf die spezifischen als auch auf die unspezifischen körpereigenen
Abwehrmechanismen aus. Im Wesentlichen handelt es
sich dabei um folgende physiologische Prozesse:

- Pilzpolysaccharide aktivieren Monocyten, Makrophagen und Granulocyten, die zu den weißen Blutkörperchen (Leukocyten) gehören und als Fresszellen
  gelten, die Bakterien und Gewebetrümmer unschädlich
  machen. Die Monocyten machen 2–8 % der weißen
  Blutkörperchen aus, die Granulocyten über die Hälfte.
- Polysaccharide steigern die Lysozymfreisetzung. Lysozym ist ein Enzym, das man hauptsächlich aus dem
  Hühnerei kennt. Es kommt aber auch im Speichel, im
  Schweiß, in den Tränen, im Ohrenschmalz sowie in den
  Nasen- und Darmschleimhäuten von Menschen vor. Es
  greift die Zellwände von Bakterien an und führt innerhalb weniger Tagen zu deren Tod. Deshalb ist Lysozym
  wichtig für die Abwehr bakterieller Infektionen.
- Polysaccharide aktivieren das Komplementsystem,
  das einen wesentlichen Bestandteil im Netzwerk der
  körpereigenen Immunabwehr bildet. Dieses System

besteht aus mehr als 20 verschiedenen Komponenten und Regulatoren. Zu seinen Hauptaufgaben zählt die direkte Zerstörung der Zellen von Erregern, die Andockung an Fremdpartikel als Vorbedingung zu deren Eliminierung und die Aktivierung von Abwehrzellen des Immunsystems.

- Polysaccharide aktivieren die Killerzellen, eine größere Zellpopulation, die ebenfalls einen Teil der weißen Blutkörperchen bildet und deren Hauptaufgabe es ist, Tumorzellen und virusinfizierte körpereigene Zellen zu zerstören.

- Polysaccharide aktivieren auch die Lymphocyten, eine weitere Untergruppe der weißen Blutkörperchen. Lymphocyten gehören zu den kleinsten Vertretern dieser Abwehrzellen. Sie befinden sich überwiegend im Knochenmark und in den sogenannten lymphatischen Organen (Thymusdrüse, Milz, Mandeln, Lymphknoten). Bei Bedarf werden sie vermehrt in die Blutbahn geschickt.

- Pilzpolysaccharide stimulieren die Cytokinfreisetzung. Cytokine sind multifunktionelle Signalstoffe; es sind Eiweißmoleküle, die von Immunzellen, aber auch von nicht immunologischen Zellen gebildet und freigesetzt werden. Zu den Cytokinen gehören die Interferone, die Interleukine und der sogenannte Tumornekrosefaktor (TNF). Cytokine steuern und koordinieren die Abwehr von Krankheitserregern und sind damit für den erfolgreichen Ablauf einer Immunreaktion mit verantwortlich. Auch der TNF ist für die Regelung der Aktivität verschiedener Immunzellen zuständig. Er kann den Zelltod, die Zelldifferenzierung, die Zellregeneration und die Ausschüttung von anderen Botenstoffen bewirken.

- Pilzpolysaccharide aktivieren die Antikörperproduktion. Antikörper, auch Immunglobuline genannt, sind Eiweißmoleküle, die auf fremde Eindringlinge (Antigene) im Körper reagieren, indem sie an ihnen andocken. Danach lösen sie verschiedene Mechanismen aus, die letztlich zur Eliminierung oder zumindest Neutralisierung des Eindringlings führen. Es gibt verschiedene Immunglobuline, die sich je nach Vorkommen und Art ihrer Funktion unterscheiden. Jedenfalls bilden sie einen wesentlichen Teil der Abwehr gegen die in den Körper eingedrungenen Fremdstoffe.

- Die immunologische Überwachung des Organismus kann durch Schwachstellen des Immunsystems unwirksam werden. Krebszellen können einerseits ihre Erkennungsmerkmale mittels Oberflächenmoleküle so tarnen, dass sie unerkannt bleiben und dem Angriff des Abwehrsystems entkommen. Andererseits können sie auch immunsupressive Substanzen freisetzen und so das Immunsystem schwächen bzw. seine Wirkung außer Kraft setzen. Im Ergebnis entkommen die Krebszellen der körpereigenen immunologischen Überwachung, und die Erkrankung breitet sich im Organismus aus. Bei Pilzpolysacchariden hat man auch die Hemmung der immunsuppressiven Faktoren nachweisen können.

- Schließlich regen Pilzpolysaccharide auch die Opsoninproduktion an. Opsonine sind Proteine, die das Andocken von Fresszellen an Bakterien oder andere Mikroorganismen begünstigen.

Im Hinblick auf eine antitumorale Wirkung sind der Shiitake *(Lentinula edodes),* der Maitake *(Grifola frondosa),* der Schmetterlingsporling *(Trametes versicolor),* der Brasil Egerling *(Agaricus brasiliensis)* und der Gemeine Spaltblättling *(Schizophyllum commune)* am besten untersucht. Aus diesen Pilzen konnten biologisch besonders aktive Polysaccharide isoliert werden. Einige von ihnen sind in Japan seit Jahren im klinischen Einsatz und gebrauchsfertig erhältlich.

Wie bereits erwähnt, zeichnen sich Pilzpolysaccharide nicht nur durch ihre antitumorale Wirkung aus. Die positive Beeinflussung der körpereigenen Abwehr durch Immunmodulierung zeigt auch bei anderen Erkrankungen günstige Wirkungen, zu welchen man in der wissenschaftlichen Fachliteratur zahlreiche Belege findet, wie etwa:

- Unterstützung bei Bakterien-, Virus- und Pilzbefall,
- positive Wirkung bei HIV-Erkrankung,
- Leberschutz, Wirkung gegen Leberzellschädigung,
- Hemmung der Blutgefäßbildung, anti-angiogenetische Wirkung,
- Hemmung der Radikalbildung, antioxidative Wirkung,
- Hemmung der Histaminfreisetzung, Vorbeugung und Linderung allergischer und asthmatischer Beschwerden,
- Wirkung gegen Hypoglykämie (drastischer Abfall des Blutzuckergehaltes).

Nun meine ich, die überragende Bedeutung der Polysaccharide unter den sekundären Pilzinhaltsstoffen hinreichend gewürdigt zu haben. Sie sind es, die hauptsächlich dazu beitragen, dass zahlreiche Großpilze nicht nur schmackhaft sind, sondern zum Teil auch eine faszinierende Heilkraft besitzen.

Eine weitere Gruppe der sekundären Inhaltsstoffe bilden **Terpene,** die ebenfalls Kohlenstoffverbindungen von ganz unterschiedlicher Struktur darstellen. Sie sind in der Natur weit verbreitet und kommen in Pflanzen, hauptsächlich bei Koniferen, vor. Selten sind sie auch tierischen Ursprungs, etwa bei Insekten, insbesondere bei Termiten *(Isoptera)* und bei Ritterfaltern *(Papilionidae)*. In Pflanzen sind Terpene Bestandteil der ätherischen Öle, die häufig angenehm und intensiv duften, aber auch medizinisch nutzbar sind. Schon lange weiß man, dass Terpene antimikrobiell wirken und einige von ihnen, wie z. B. das Menthol, eine schmerzstillende Wirkung haben. Terpene enthalten, je nach Organisationsstruktur, fünf bis mehrfach fünf Kohlenstoffatome im Molekül. Die Terpene, die in manchen Großpilzen vorkommen, verfügen über 30 Kohlenstoffatome pro Molekül. Dies sind sogenannte Triterpene. Man findet sie nicht nur in Pilzen, sondern auch in verschiedenen Pflanzen, wie z. B. Nelken, Oliven, Misteln, Birken und Zitrusfrüchten. Insgesamt sind rund 8000 Terpene beschrieben, davon rund 1700 Triterpene.

Triterpene sind zum Teil hochwirksam. Einige haben antikarzinogene Eigenschaften, und sie wirken außerdem antiviral, antibakteriell, fungizid und antioxidativ. Sie regen die Aktivität verschiedener Immunzellen an, speziell der NK-Lymphocyten und Phagocyten. Triterpene tragen dazu bei, Cholesterinwerte zu senken und Herzkrankheiten vorzubeugen. Sogar äußerlich können sie angewendet werden, um die Haut zu schützen, wobei die Anfälligkeit der Haut für Sonnenbrand verringert und die Wundheilung gefördert wird.

Von den Pilzen mit Heilkraft enthalten Porlinge reichlich Triterpene. Im Reishi *(Ganoderma lucidum)* sind bisher über 130 verschiedene Triterpene und ihre Derivate nachgewiesen worden; die meisten im Fruchtkörper. Andere sind auf der Oberfläche des Fruchtkörpers zu finden, wohin sie ausgeschieden werden. Sogar aus den Sporen vom Reishi konnte man Triterpene isolieren. Eine nennenswerte Triterpen-Konzentration enthält auch ein weiterer wohlbekannter Vitalpilz, der Eichhase *(Polyporus umbellatus)*.

Den Triterpenen im Reishi werden sowohl aufgrund wissenschaftlicher Laboruntersuchungen als auch aufgrund praktischer Erfahrungen in der Therapie zahlreiche gesundheitsförderliche Aktivitäten bescheinigt:

- Anti-HIV-Aktivität,
- blutdrucksenkende Wirkung,
- leberschützende Wirkung,
- blutgerinnungshemmende Wirkung,
- Hemmung der Histaminfreisetzung,
- cholesterinsenkende Wirkung,
- Stimulierung der Herzfunktion,
- cytostatische Wirkung,
- schmerzstillende Wirkung.

Besonders erwähnenswert ist der nachhaltig bittere Geschmack des Reishi, der von den Triterpenen herrührt und dessen Intensität mit bestimmten Strukturmerkmalen dieser Substanzen korrespondiert. Der bittere Geschmack trug in der traditionellen Volksheilkunde wesentlich zum Image des Reishi als magischer Pilz und stärkendes Tonikum bei.

Auch einige andere Substanzen und Substanzgruppen der Großpilze zeigen bemerkenswerte Wirkungen. An erster Stelle nenne ich hier den antioxidativen, freie Radikale eliminierenden Effekt.

Neben den Polysacchariden gilt **Ergothionein**, eine schwefelhaltige Aminosäure, als besonders wirksam. Sie gelangt über einen spezifischen Transporter ins Zellinnere, unter anderem in die Frühformen der Erythrocyten im Knochenmark. Man findet sie darüber hinaus in der Leber, in den Nieren, im Harn und im Sperma.

Champignons, Austernpilze, Shii-take, Kräuterseitlinge und Maitake enthalten reichlich Ergothionein (Tab. 3.5). Besonders viel Aufschluss geben hier die Forschungen der US-amerikanischen Forscherin Dr. Joy Dubost von der Pennsylvania State University. Sie fand in braunen Champignons Ergothionein-Werte, die vergleichbar mit rotem Paprika und Brokkoli und noch wesentlich höher als die Werte in Möhren und grünen Bohnen sind. Sie sind zwölfmal höher als in Weizenkeimen und viermal höher als in Hühnerleber, die früher als besonders wertvolle Quelle für Ergothionein gepriesen wurde. Die übrigen

Tab. 3.5 Ergothionein-Gehalt verschiedener kultivierter Speisepilze. Angaben in mg/g Trockensubstanz und Standardabweichung. (Nach Dubost et al. 2006)

Pilzarten	Ergothionein-Gehalt
Kulturchampignon *(Agaricus bisporus)*	0,41 ± 0,18
Kräuterseitling *(Pleurotus eryngii)*	1,72 ± 0,10
Maitake *(Grifola frondosa)*	1,84 ± 0,76
Austernpilz *(Pleurotus ostreatus)*	2,01 ± 0,05
Shii-take *(Lentinula edodes)*	2,09 ± 0,21

untersuchten Pilzarten sind sogar noch reicher an diesem Antioxidans; sie können in einer üblichen Verzehrsportion bis zu 40-mal mehr Ergothionein enthalten als Weizenkeime. Die biologische Funktion von Ergothionein ist bei Entzündungen und bestimmten Krankheitsbildern hinreichend nachgewiesen und wird zurzeit noch weiter erforscht. Insofern ist die Empfehlung von Dr. Dubost, nicht nur Gemüse, sondern vermehrt auch Pilze zu essen, mehr als gerechtfertigt. Dadurch wird dem Organismus ein breiteres Spektrum an wertvollen Antioxidanzien zugeführt. Auch weist Dubost darauf hin, dass der Gehalt an Ergothionein bei der Zubereitung der Pilze keineswegs abnimmt.

Eine weitere Stoffgruppe unter den sehr effektiven Radikalfängern sind die sogenannten **Polyphenole**. Sie sind in der Pflanzenwelt weit verbreitet, biologisch hoch aktiv und gelten als gesundheitsfördernd. Ein charakteristisches Beispiel für bioaktive Polyphenole ist das Resveratrol, das vornehmlich in der Schale roter Weintrauben vorkommt und für die gesundheitsförderliche Wirkung von Rotwein verantwortlich ist. Auch im Bereich der Polyphenolforschung haben Dr. Dubost und ihr Teamleiter, Professor Robert Beelman, an der Pennsylvania State University viele und sehr erfreuliche Fakten zutage gefördert. So stellten sie fest, dass Polyphenole auch in verschiedenen Großpilzen vorkommen und deren Heilkraft erhöhen. Andere Forscher haben gezielt die antioxidative Wirkung von Polyphenolen in einer subtropischen Austernpilzart *(Pleurotus abalone)* untersucht. Mit Extrakten aus diesem Pilz gelang es ihnen in Tierversuchen, die durch freie Radikale ausgelöste Zerstörung von Erythrocyten zu mehr als 90 % zu unterbinden. Man kann daher zusammenfassend sagen, dass Großpilze, zusätzlich zu ihren zahlreichen gesundheitsfördernden und heilenden Effekten, zu den wirksamsten Antioxidanzien in unserer alltäglichen Kost zählen.

Schließlich ist noch eine weitere in der Natur häufig vorkommende Gruppe von Proteinen zu nennen, die ebenfalls in Großpilzen enthalten sind: die **Lektine**. Sie verbinden sich mit bestimmten Polysacchariden auf Zellebene, können so an Zellen und Zellmembranen andocken und biochemische Vorgänge auslösen. Die Rolle der Lektine in den Pilzen selbst ist vielfältig: Unter anderen beeinflussen sie die Bildung der Fruchtkörperansätze und das Heranwachsen der Fruchtkörper. Sie haben aber auch eine immunmodulierende und antitumorale Wirkung und tragen dadurch zur Heilkraft der Pilze bei. Neben Lektinen sind in Pilzen noch andere Proteine mit bemerkenswerter biologischer Aktivität enthalten: Es gibt etwa welche mit fungizider (pilztötender) Wirkung, die sie vor Schimmelpilzbefall schützen; solche hat man sowohl im Shii-take als auch im Kulturchampignon nachgewiesen.

Die Reihe der bioaktiven sekundären Inhaltsstoffe der Großpilze ließe sich noch weiter fortsetzen. Das aber, so fürchte ich, wäre für die Leser ermüdend – haben doch die bisher dargebotenen Informationen die vielfältige, weit gefächerte Bioaktivität der Großpilze hinreichend und eindrucksvoll vor Augen geführt. So möchte ich zum Schluss nur noch drei Beispiele, stellvertretend für das breite Feld praktischer Einsatzmöglichkeiten der Vitalpilze, vorstellen:

Indikationsempfehlungen für den getrockneten pulverisierten Schopftintling *(Coprinus comatus)*

bei erhöhtem Blutzuckergehalt,   3 bis 6 g täglich
Diabetes Typ 2

Erhöht die intraperitoneale Glucose-Toleranz, vermindert diabetische Folgeschäden an Augen, Gefäßen und den Nieren; der Vanadiumgehalt im Schopftintling bewirkt zudem eine Reduzierung des Blutzuckergehaltes durch die insulin-„nachahmende" oder insulin- potenzierende Wirkung

bei Verdauungsbeschwerden   3 bis 6 g täglich

antibakterielle und antimykotische Wirkung, insbesondere auch gegen Candida albicans (Abb. 3.5)

Abb. 3.5 Schopftintlinge *(Coprinus comatus)*. Schmackhafter Speisepilz, geschätzter Heilpilz, löst sich aber leider schnell im Zuge einer Autolyse auf

Indikationsempfehlungen für den Extrakt des Glänzenden Lackporlings, Reishi, Ling chih (*Ganoderma lucidum*)

Allergien   bis zu 1000 mg Extrakt täglich

Hemmung der Histaminausschüttung.

Bluthochdruck   bis zu 1000 mg Extrakt täglich

Die Verringerung des Blutdrucks wird durch Triterpene ausgelöst, die das Angiotensin-Conversions-Enzym hemmen.

Bronchitis   bis zu 1000 mg Extrakt täglich

Die Verringerung des Blutdrucks wird durch Triterpene ausgelöst, die das Angiotensin-Conversions-Enzym hemmen

Bronchitis   bis zu 1000 mg Extrakt täglich

Induzierung der Regeneration bronchialer Endothelzellen

Burnout, Unruhezu-   bis zu 1000 mg Extrakt täglich
stände und ängstliche
Verstimmungen

Wirkt entspannend und beruhigend auf das vegetative Nervensystem

Einschlafstörungen   500 mg Extrakt täglich

Hemmung der Ausschüttung von anregenden Neurotransmittern und Hormonen; Ganoderma Extrakt löst die Angst, fördert den Schlaf, entspannt die Muskeln und stabilisiert den Blutdruck

Für allgemeines   500 mg Extrakt täglich
  Wohlbefinden

*Infolge umfangreicher immunsystemaktivierender und
-stabilisierender Wirkung: Reduktion der Superoxid-
Radikalfreisetzung, Induzierung der Vermehrung der
T-Lymphocyten, Steigerung der Aktivität der Zellen des
retikuloendothelialen Systems*

Haarausfall   bis zu 1000 mg Extrakt täglich

*Wirkungsmechanismus unbekannt; im klinischen Test
festgestellt*

Leberschutz   500 mg Extrakt täglich

*Hemmt die Lipidakkumulation, fördert die Regeneration,
wirkt antifibrotisch*

Unterstützung des   bis zu 1000 mg Extrakt täglich
  Herz-Kreislauf-Sys-
  tems

*Verringert den Sauerstoffbedarf des Herzens, steigert den
Herzmuskelstoffwechsel, verbessert die Hämodynamik der
Koronararterien durch Steigerung der Gefäßelastizität
(Abb. 3.6)*

Abb. 3.6 Glänzender Lackporling, Ling chih, Reishi *(Ganoderma lucidum)*. Gilt in China als „Pflanze der Unsterblichkeit" und „göttliches Heilkraut"

Indikationsempfehlungen für den Extrakt des Chinesischen Raupenpilzes (Cordyceps sinensis)

Erschöpfung	bis zu 1500 mg Extrakt täglich
Erhöhung der Ausdauer, auch von Sportlern	bis zu 1500 mg Extrakt täglich
Förderung der Regeneration des glatten Muskelgewebes	bis zu 1500 mg Extrakt täglich

Abnahme des Widerstands der Koronar- und der Vertebralarterien; dadurch Steigerung der Durchblutung von Herz, Extremitäten, Gehirn und anderen Organen; dieser Mechanismus ist auch eine Erklärung für die günstige Wirkung von Cordyceps auf den Blutdruck

Sexuelle Unterfunktion	bis zu 1500 mg Extrakt täglich

Die Wirkung beruht auf einer Kombination unterschiedlicher Effekte: anregende Wirkung auf die Geschlechtsorgane, auf die Produktion von Geschlechtshormonen, auf das an der Fortpflanzung und am Geschlechtstrieb beteiligte neurologische System und auf die Hypothalamus-Hypophysen-Nebennieren-Regulation.

Immunstimulans	bis zu 1000 mg Extrakt täglich

Anregung der Produktion von T-Lymphocyten, Steigerung der Aktivität von natürlichen Killer(NK)-Zellen, verstärkte Produktion der Immunglobuline G und M, Anregung der Phagocytose durch Makrophagen, Anregung der Aktivität von Gamma-Interferon

Unterstützung des Herz-Kreislauf-Systems	bis zu 1000 mg Extrakt täglich

Blutdrucksenkende und entspannende Wirkung auf die Gefäßwände und Stimulierung der Produktion von Stickstoffmonoxid (NO), eines bedeutenden Signalstoffes im Herz-Kreislauf-System (Abb. 3.7)

Abb. 3.7 Chinesischer Raupenpilz *(Cordyceps sinensis)*. Er dürfte der wertvollste aller Heilpilze sein, zahlt man doch für die Fruchtkörper in guter Qualität 10.000 US$ und mehr je Kilogramm

4

Auch Tiere mögen Pilze

4.1 Das Mykofutter

Die Bedeutung der Großpilze für die weltweite Ernährung wie auch für die Gesundheit habe ich ausführlich dargelegt. Welche Rolle sie in der Tierernährung spielen könnten, gehört aber ebenfalls gewürdigt. Dieser Aspekt hat zumindest perspektivisch eine nicht zu unterschätzende Bedeutung. Warum, kann man sich leicht vorstellen: Wenn die Nahrung knapp werden sollte – ein Szenario, das in manchen Gegenden Afrikas heute schon Realität ist –, wird das Futter für die lebensnotwendigen Nutztiere ebenfalls knapp, und im schlimmsten Fall sind es die Nutztiere, die zuerst zugrunde gehen. Eine Lösung könnte darin bestehen, sie mit an sich wertlosen Pflanzenresten

© Springer-Verlag GmbH Deutschland 2018
J. I. Lelley, *No fungi no future,*
https://doi.org/10.1007/978-3-662-56507-0_4

aus der Agrarwirtschaft zu füttern, die durch Pilze aufgewertet wurden.

Die Idee, für die Verbesserung der Nutzbarkeit von wertlosem, nahezu unverdaulichem, stark ligninhaltigem Material Pilze zu verwenden, hatte 1902 der deutsche Mykologe Richard Falck in seiner Doktorarbeit an der Universität in Breslau diskutiert. Zu einem praktisch verwertbaren Resultat ist er dabei jedoch nicht gelangt. Die ungarischen Mykologen Imre Heltay und Sándor Petőfi haben dann diese Idee vor gut einem halben Jahrhundert erneut aufgegriffen und weiterentwickelt. Sie wollten Großpilze für die Herstellung von Tierfutter verwenden und haben ihren Plan auch realisiert. Das so entstandene Produkt nannten sie „Mykofutter". Seitdem wird diese Bezeichnung gerne für Tierfutter verwendet, bei dessen Herstellung Pilze eine entscheidende Rolle spielen.

Der Gedanke, Großpilze auch in der Tierhaltung zu nutzen, war nur konsequent, fressen doch Tiere in der freien Wildbahn gerne auch Pilzfruchtkörper. Für Rehe und Wildschweine sind Pilze im Wald eine willkommene Futterquelle. Wildschweine sind diesbezüglich gar nicht wählerisch. Sie fressen selbst die giftigen Knollenblätterpilze und bekommen davon schlimmstenfalls Durchfall. Insekten legen gerne ihre Eier in manchen Pilzfruchtkörpern ab und lassen die geschlüpften Larven am Pilzmenü gedeihen. Das belegt auch die Klage enttäuschter Pilzsammler, deren erste freudige Überraschung, einen Steinpilz gefunden zu haben, bald verfliegt, nachdem sie die zahllosen Fraßgänge von Maden im Fruchtkörper entdeckt haben. Besonders oft sind Hobby-Pilzzüchter von solchen Fraßschäden betroffen, deren vielversprechende

Braunkappen-Kulturen, die gerade zum Fruchten ansetzen, von Spanischen Wegschnecken innerhalb einer Nacht kahlgefressen werden.

Der Ansatz der Ungarn, mit Pilzen Viehfutter herzustellen, beruhte im Prinzip auf der Technologie der Champignon-Kultivierung. Allerdings haben sie dabei nicht beabsichtigt, Tieren Champignons als Futter vorzusetzen, sondern vielmehr ein vom Champignonmyzel besiedeltes Substrat. Sie verwendeten Reststoffe aus der Agrarproduktion als Grundlage, wie Weizen- und Reisstroh, reicherten das Stroh mit kleineren Mengen eiweiß- und kohlenhydrathaltigen Substanzen an und ließen die Mischung einen längeren mikrobiologisch und biochemisch geprägten Prozess, eine Kompostierung, durchlaufen. Danach erhielten sie ein homogenes, angenehm nach frischgebackenem Brot duftendes Material, das sich gut für die Vermehrung des Champignonmyzels eignete. Diesem Substrat fügten sie eine Reinkultur des Champignons zu und setzten den Prozess fort, bis das Ganze dicht vom Champignonmyzelium besiedelt war. Das Endprodukt, das jetzt einen angenehmen Pilzgeruch verbreitete, war das Mykofutter, das sich in drei Jahre andauernden Fütterungsversuchen mit Rindern und Schafen gut bewährt hat. Der Entwicklung der ungarischen Kollegen lag der Gedanke zugrunde, die Qualität minderwertiger pflanzlicher Reststoffe – konkret von Weizen- oder Reisstroh – durch die Anreicherung mit eiweiß- und kohlenhydrathaltigen Zusatzstoffen, durch eine Kompostierung und schließlich durch die wertvollen Inhaltstoffe des Champignonmyzels zu erhöhen, um so zu einem respektablen Viehfutter zu gelangen.

Dieses Verfahren der Mykofutter-Herstellung hatte zwar Pioniercharakter, weiter verbreitet hat es sich jedoch nicht. Grund dafür war, dass die Technologie und die dazu benötigten Zusatzstoffe, um mit dem Getreidestroh überhaupt eine Kompostierung durchführen zu können, in Entwicklungsländern, wo das Mykofutter produziert werden sollte, kaum verfügbar sind. Die Idee der Ungarn, Viehfutter mithilfe von Champignons zu erzeugen, war durchaus wegweisend. Die von ihnen vorgeschlagene Lösung konnte sich jedoch aus den oben genannten Gründen nicht durchsetzen.

Dort, wo Bedarf für Mykofutter besteht und wo es für die Tierhaltung von großem Nutzen wäre, möchte man die verfügbaren pflanzlichen Reststoffe ohne teure Aufwertung zur Fütterung verwenden. Deshalb haben spätere Forschungsvorhaben einen anderen Weg eingeschlagen. In ihrem Fokus standen ebenfalls Reststoffe, die an sich wertlos sind. Diese aber sollten, ohne Zugabe qualitätsverbessernder Ingredienzien, auf geeignete Weise zu nützlichem Tierfutter umgewandelt werden. Diese alternativen Technologien waren – von wenigen Ausnahmen abgesehen – für die armen Länder der sogenannten Dritten Welt geplant.

An eine dieser Ausnahmen kann ich mich noch gut erinnern. Es geschah in Deutschland im äußerst regenarmen Sommer des Jahres 1976. Nachdem die Heuernte wegen der Dürre sehr mager ausfiel, wurde in landwirtschaftlichen Fachkreisen ernsthaft die Möglichkeit erwogen, bei Rindern und Schafen, anstelle von Heu, Getreidestroh als Ersatzfutter einzusetzen. Dieses Vorhaben hätte jedoch nur dann realisiert werden können, wenn man das Stroh zuerst entsprechend behandelt und zur Verfütterung geeignet gemacht hätte. Neben verschiedenen chemischen Methoden, die es dafür gab, zog man auch den Einsatz von Großpilzen in Betracht. Als jedoch nach sechs Wochen endlich der erste Regen fiel und sich die Wetterlage normalisierte, verschwand das Thema „Mykofutter" wieder von der Tagesordnung.

4.2 Pilze als Viehfutter in Entwicklungsländern

Angesichts der zu erwartenden Bevölkerungsentwicklung geht man in Fachkreisen davon aus, dass nach verhältnismäßig kurzer Zeit die Produktivität des verfügbaren Ackerlandes nicht ausreichen wird, um den Bedarf der Weltbevölkerung mit hochwertiger Nahrung zu befriedigen. Deshalb ist es zwingend notwendig, alle Möglichkeiten zur Erzeugung solcher Nahrungsmittel auszuschöpfen. Wertvolle Quellen, die dafür infrage kommen, sind auch die lignocellulosehaltigen Reststoffe aus der Agrarproduktion – primär das Stroh.

Als wichtigste Substanz für die Ernährung von Mensch und Tier gilt Glucose (Einfachzucker). Glucose kommt in der Natur hauptsächlich als sogenanntes Biopolymer vor, als Makromolekül, welches aus vielen einzelnen Glucosemolekülen besteht. Ein besonders wichtiges Glucose-Biopolymer ist die Stärke, die primär als Reservestoff pflanzlicher Zellen gilt. Doch das weltweit meist verbreitete natürliche Glucose-Biopolymer ist die Cellulose, die bis zu über 50 % der Zellwandstrukturen verholzter Pflanzen und Bäumen ausmacht. Auch Cellulose besteht ausschließlich aus Glucosemolekülen und kann davon bis zu mehrere Zehntausend enthalten.

Doch trotz der identischen Zusammensetzung gibt es einen gravierenden Unterschied zwischen Stärke und Cellulose, nämlich die Art und Weise, wie die Glucosemoleküle miteinander verknüpft sind. Und dieser Unterschied ist entscheidend. Die Göttinger Mykologen Aloys Hüttermann und Andrzej Majcherczyk haben ihn sehr treffend folgendermaßen charakterisiert: Er entscheidet zwischen Leben und Tod! Während Stärke alle Tiere und natürlich auch der Mensch verwerten können, ist die ebenfalls nur aus Glucose bestehende Cellulose für den Menschen und die meisten Tiere unverdaulich. Von den Säugetieren können nur die Wiederkäuer Cellulose verdauen und letztlich davon leben. Denn nur sie verfügen in ihren mehrteiligen Mägen über Mikroorganismen, die Cellulose und Hemicellulose enzymatisch spalten und sie zu Fettsäuren und Glucose als Endprodukte abbauen. Doch selbst Wiederkäuer können Pflanzenteile nur dann verwerten, wenn diese nicht viel Lignin enthalten. Einfaches Getreidestroh zu fressen, ist selbst für sie ein Problem. Wird jedoch das Lignin durch Pilze abgebaut und die Cellulose aus dem Lignin-Korsett befreit, kann sogar Holz in ein geeignetes Viehfutter verwandelt werden.

Das beste Beispiel dafür ist *palo podrido,* das verfaulte Holz, ein Phänomen, das im südchilenischen Regenwald anzutreffen ist und das ich bereits an früherer Stelle erwähnt habe. *Palo podrido* wird von Einheimischen für die Fütterung von Lamas und Alpakas verwendet. Der chilenische Wissenschaftler und Kenner der dortigen Verhältnisse, Aldo González, klärt uns darüber auf:

Palo podrido ist ein Stadium, welches zwischen dem teilweisen Abbau des Lignins durch Großpilze und der endgültigen Mineralisation der hierbei entstandenen Kolloide liegt. Im Endzustand nimmt das Holz eine gelartige Konsistenz an, die lange Zeit erhalten bleibt. Das Ganze wird auf die geringen Schwankungen der klimatischen Faktoren wie Temperatur und Feuchtigkeit im Regenwald zurückgeführt.

Auch der deutsch-tschechische Wissenschaftler Frantischek Zadražil hat sich intensiv mit *palo podrido* beschäftigt und stellte fest, dass, während gesundes Holz nur zu 3 % verdaulich war, sich dessen Verdaulichkeit nach einer genügend langen Einwirkung durch den Flachen Lackporling *(Ganoderma applanatum)* oder durch Hallimasch-Arten *(Armillaria spp.)* bis auf 77 % erhöhte. Im Durchschnitt lag die Verdaulichkeit von *palo podrido* zwischen 30 und 60 %. Von den Pilzen werden vornehmlich die Chilenische Scheinulme *(Eucryphia cordifolia)* und die Chilenische Scheinbuche *(Nothofagus dombeyi)* besiedelt.

Die für die industrielle Tierfutterherstellung benötigten hochwertigen Produkte, wie z. B. Getreide, werden auch für die menschliche Ernährung verwendet. Somit steht die Futtererzeugung hinsichtlich der Rohstoffversorgung in Konkurrenz mit der Nahrungsmittelproduktion. Das mag in den reichen Industrieländern keine Probleme bereiten, weil es für beide Seiten genügend Vorräte gibt. In armen Ländern dagegen, wo die Ressourcen begrenzt sind, geht das nicht. Dort müssen die hochwertigen Ressourcen der Ernährung vorbehalten bleiben, während sich die Tierhaltung mit minderwertigen Produkten wie Stroh, Pflanzenstängel und gegebenenfalls Holz begnügen muss.

Die entscheidende Voraussetzung für die Verwendung lignocellulosehaltigen Materials als Tierfutter ist die selektive Eliminierung des Lignins mithilfe von Weißfäulepilzen, wodurch der Anteil der Cellulose, die von Wiederkäuern gut verwertet wird, relativ zum Lignin ansteigt. Ein zusätzlicher Vorteil des mykologischen Ligninabbaus besteht darin, dass die im Stroh entstandene Myzelbiomasse wertvolle Inhaltsstoffe, primär Protein, aber auch Mineralien und Spurenelemente, enthält und das Endprodukt mit diesen anreichert.

Zahlreiche landwirtschaftliche Reststoffe wurden inzwischen daraufhin getestet, ob sie sich durch Ligninabbau in nützliches Tierfutter verwandeln lassen; außer Getreidestroh noch Maisstängel, Reisstroh, Baumwollstängel, Baumwollsamenhüllen, Rotzedernholz etc. Auch die getesteten Pilzarten waren zahlreich. Neben einem bekannten Speisepilz, dem Austernpilz, prüfte man besonders intensiv den Nichtblätterpilz *Phanerochaete chrysosporium,* für den es einen deutschen Namen gar nicht gibt, der sich aber als einer der effektivsten Ligninabbauer erwies. Seine Kultivierung ist leider schwierig, denn er bevorzugt ein ziemlich saures Milieu und eine Umgebungstemperatur von bis zu 40 °C. Weitere Prüfobjekte waren das Japanische Stockschwämmchen *(Pholiota nameko),* der Ockerrotfleckende Haselporling *(Dichomitus squalens),* der uns inzwischen wohlbekannte Shii-take *(Lentinula edodes),* verschiedene Lackporlinge *(Ganoderma spp.)* und der Schmetterlingsporling *(Coriolus versicolor)*.

Sie erinnern sich, meine verehrten Leserinnen und Leser, dass ich die Lignin-Problematik bereits an früherer Stelle behandelt habe. Hier aber begegnet sie uns wieder. Getreidestroh enthält im Durchschnitt 18 bis 25 % Lignin. Dieses sorgt in den Pflanzen für Festigkeit und Stabilität, während die Cellulose für deren Biegsamkeit verantwortlich ist. Das Lignin durchdringt die Cellulosefaser als stabilisierendes Füllmaterial. In einem Internetbeitrag habe ich eine treffende Analogie für den Cellulose-Lignin-Komplex gelesen: Man muss sich dessen Struktur wie die von Stahlbeton vorstellen. Die Cellulose entspricht mit ihrer hohen Zugkraft dem Moniereisen und das Lignin mit seiner Druckfestigkeit dem Beton. Nicht einmal die Mikroorganismen im Verdauungstrakt von Wiederkäuern können die Cellulose aus diesem Verbund herausbrechen und verwerten. Um also die Verwertbarkeit von Stroh und ähnlichen Pflanzenreststoffen zu erhöhen, muss die Lignin-Barriere beseitigt werden.

Besonders intensiv hat sich Frantischek Zadražil mit diesem Problem beschäftigt, der am Institut für Bodenbiologie der Forschungsanstalt für Landwirtschaft in Braunschweig tätig war und sich der Ligninspaltung durch Großpilze in Getreidestroh, hauptsächlich im Weizenstroh, widmete. Dabei ging er äußerst konsequent vor: Als Erstes legte er sich eine Sammlung von gut 300 Pilzarten zu, die er von Fachkollegen und mykologischen Forschungsinstituten aus drei Kontinenten erhielt. Dann hat er von all diesen Pilzen im Laboratorium eine Myzelkultur angelegt und diese bis zu ihrer Verwendung in

Experimenten eingelagert. Im nächsten Schritt prüfte er, ebenfalls noch im Laboratorium, welche seiner Pilzkulturen Weizenstroh überhaupt besiedeln und, wenn sie es tun, wie schnell. Am Ende dieser Versuchsserie schloss er eine Reihe von Pilzen aus den Folgeexperimenten aus, da sie das Stroh entweder überhaupt nicht oder nur viel zu langsam besiedelten. Es war klar: Solche Pilze kommen für die Erzeugung von Mykofutter nicht in Betracht.

Im nächsten Schritt prüfte Zadražil die verbliebenen Pilzarten auf ihre Fähigkeit, Weizenstroh zu zersetzen und entdeckte dabei große Unterschiede. Generell zeigte sich, dass mit höherer Temperatur und längerer Prozessdauer eine intensivere Strohzersetzung einherging. Als er die Einwirkung der Pilze speziell auf das Lignin unter die Lupe nahm und sie bis zu elf Wochen auf dem Weizenstroh wachsen ließ, haben die leistungsfähigen Strohzersetzer eine klare Tendenz zum temperaturabhängigen Ligninabbau gezeigt. Diese Fähigkeit war jedoch überraschenderweise nicht linear von der Prozesstemperatur abhängig, das heißt, sie stieg keineswegs bei jeder Pilzart nach Erhöhung der Temperatur an.

Die Braunkappe *(Stropharia rugoso-annulata)* zum Beispiel, ein oben bereits erwähnter, von Hobby-Pilzanbauern bevorzugter und auf Stroh kultivierter Weißfäulepilz, konnte ihre ligninzersetzende Leistung bei höherer Prozesstemperatur konsequent erhöhen. Bei 30 °C hat die Braunkappe innerhalb von elf Wochen 25 % des Lignins im Weizenstroh vernichtet. Eine aus Florida (USA) stammende Art des Austernpilzes *(Pleurotus Florida)* hat dagegen im gleichen Zeitraum bei nur 25 °C bereits 44 % des Lignins abgebaut und bei 30 °C in ihrer Leistung deutlich nachgelassen. Durch die Verringerung des Ligninanteils erhöhte sich entsprechend auch die Verdaulichkeit des Strohs.

Zadražil prüfte in Kooperation mit Wissenschaftlern aus Indien, Indonesien, Tschechien und Nigeria zahlreiche Großpilze hinsichtlich ihrer Fähigkeit, die Verdaulichkeit von Weizenstroh zu verbessern. Er teilte diese Pilze aufgrund der Untersuchungsergebnisse in drei Gruppen ein: Pilze, die eine beachtliche Erhöhung der Verdaulichkeit bewirken; Pilze, mit denen bestenfalls eine geringfügige Verbesserung erreicht wird; sowie Pilze, deren Einsatz sogar zur Verschlechterung der Verdaulichkeit von Weizenstroh führt. Der Hauptgrund für Letzteres liegt darin, dass diese Pilze statt des Lignins die von Wiederkäuern gut verwertbare Cellulose abbauten, wodurch sich der Ligninanteil noch erhöhte.

Für die Bestimmung der Verdaulichkeit des behandelten Strohs hat sich Zadražil einer eleganten Labormethode zweier englischer Wissenschaftler bedient, die im Wesentlichen aus der Bebrütung des behandelten Strohs unter Sauerstoffausschluss von im Pansen vorkommenden Mikroorganismen sowie der Messung, wie das Stroh von diesen angenommen und weiter abgebaut wird, besteht. Im Ergebnis zeigte sich eine Steigerung der Verdaulichkeit des Weizenstrohs nach Behandlung mit dem Austernpilz von ursprünglich 40 % auf über 52 %, mit dem Schmetterlingsporling *(Coriolus versicolor)* auf 60 % und nach Verwendung des Shii-take sogar auf über 64,4 % (Abb. 4.1).

Maßstab für die Brauchbarkeit von Getreidestroh als Viehfutter war in all diesen Versuchsprojekten die Verbesserung der In-vitro-Verdaulichkeit. Dabei hat man jedoch

Abb. 4.1 Schmetterlingsporling *(Coriolus versicolor)*, ein leistungsfähiger Ligninzersetzer und auch begehrter Heilpilz

beobachtet, dass durch Pilze abgebautes Material nicht immer die ungeteilte Akzeptanz der Versuchstiere fand. So haben zum Beispiel Kühe ein durch den Austernpilz besiedeltes Weizenstroh als alleiniges Futter nicht angenommen. Erst nachdem der Anteil des verpilzten Strohs auf 17 % einer Futtermischung reduziert wurde, haben es die Kühe gerne gefressen. Man hat beobachtet, dass die Akzeptanz eines vom Austernpilz besiedelten Weizenstrohs besser war, wenn man es den Tieren noch vor Beginn der Fruchtkörperbildung gab.

Zu wesentlich günstigeren Ergebnissen kam eine Forschungsgruppe aus Ägypten, Israel und Deutschland unter Federführung des schon erwähnten deutschen Mykologen Aloys Hüttermann vom Institut für Forstbotanik der Universität Göttingen. Auch diese Gruppe hat sich intensiv und über längere Zeit mit dem Thema der Mykofutterherstellung beschäftigt. Sie startete ein Forschungsprojekt mit dem Ziel, ein besonders preiswertes Herstellungsverfahren zu entwickeln, das für Kleinbauern in Entwicklungsländern geeignet sein sollte, unter der Maßgabe, dass für seine Nutzung kaum Wasser und extrem wenig Energie benötigt wird. Auf teure Dampfsterilisation zwecks Vorbehandlung des Strohs sollte dabei verzichtet werden. Das Verfahren, das am Ende als Ergebnis der Forschungsarbeiten stand, ist so originell, dass ich es Ihnen, meine sehr verehrten Leserinnen und Leser, nicht vorenthalten möchte:

Zerkleinertes Stroh wird in einem Behälter 16 bis 24 h lang von oben mit Wasser berieselt, um es auf den für eine Pilzzucht erforderlichen Feuchtigkeitsgehalt von ca. 70 % zu bringen. Dem Wasser gibt man ein Netzmittel aus der Gruppe der sogenannten Polysorbate zu, das als Lebensmittelzusatz zugelassen ist; konkret handelt es sich dabei um die bekannte Handelsmarke Tween. Das Netzmittel verleiht dem Stroh einen gewissen Schutz vor Schimmelbefall, löst zugleich die natürliche Wachschicht um die Strohpartikel und begünstigt dadurch die Besiedlung durch den Edelpilz. Das Wasser, das durch das Stroh rieselt, wird unten im Behälter aufgefangen, hochgepumpt und erneut zur Berieselung verwendet. Obwohl die Pumpe auch einen Frischwasseranschluss hat, wird nur so viel Frischwasser beigefügt, wie das Stroh aufgenommen hat. Der gesamte Wasserbedarf für das Verfahren ist somit lediglich so groß wie zur ausreichenden Befeuchtung des Strohs nötig. Wasserverlust ist so weitgehend ausgeschlossen. Die Pumpe kann im Optimalfall durch eine Solarzelle mit Strom versorgt werden, wodurch die Anlage vollkommen autark funktionieren kann.

Hat das Stroh die benötigte Feuchtigkeit erreicht, wird es mit einer Reinkultur des Austernpilzes beimpft, dessen Myzel das Stroh binnen 14 bis 18 Tagen komplett besiedelt. Es ist sinnvoll, danach noch einige Tage zu warten, damit die Pilzbiomasse erstarken und mengenmäßig weiter zunehmen kann. Erst drei bis vier Wochen nach der Beimpfung sollte man mit der Verfütterung des Substrates beginnen. Lässt man das Substrat noch länger stehen, setzt auch die Fruchtkörperbildung des Austernpilzes ein. Die Fruchtkörper werden geerntet, verzehrt oder verkauft – jedenfalls stellen sie eine zusätzliche, positive Komponente der Herstellung von Mykofutter dar.

Wie Hüttermann und seine Kollegen berichteten, erhielten Milchkühe der Holstein-Rasse im Norden Israels zu 50 % ihrer Futterration Mykofutter, ohne dass dabei eine nennenswerte Verringerung ihrer Milchleistung beobachtet wurde. Die Forscher haben diese Technologie auch in Ägypten erfolgreich erprobt und das so erzeugte Mykofutter Schafen vorgesetzt; schon nach 14 Tagen stellten sie einen deutlich messbaren Unterschied im Körpergewicht der Tiere fest. Während die Schafe, die das unbehandelte Reisstroh als Kontrollfutter erhielten, nach 14 Tagen ca. 1 % an Körpergewicht verloren, legten die Tiere, die mit Austernpilzen behandeltes Reisstroh fraßen, im gleichen Zeitraum über 1 % Gewicht zu. In diesem Experiment wurde das übliche Futter der Schafe zu 50 % durch Mykofutter bzw. mit unbehandeltem Reisstroh ersetzt. Danach stellte das ägyptische Landwirtschaftsministerium folgende Berechnung an: Würde man im Nildelta die jährlich anfallenden ca. zehn Millionen Tonnen Stroh mithilfe von Weißfäulepilzen in Mykofutter umwandeln, könnte die ägyptische Fleischerzeugung verdoppelt werden, ohne auch nur einen Hektar Land zusätzlich zu bewirtschaften. So könnten in ländlichen Regionen 150.000 neue Jobs entstehen und das Bruttosozialprodukt Ägyptens könnte jährlich um etwa drei Milliarden US-Dollar steigen – zweifellos eine Perspektive, die stark für die Verwendung von Mykofutter spricht.

5

Pilze, Lebenspartner der Waldbäume

Bis jetzt habe ich mich mit den immensen Vorteilen beschäftigt, die uns Großpilze unmittelbar als Nahrungsmittel und als Heilmittel bringen. Doch ihre Unentbehrlichkeit hat noch andere Facetten, die für uns ebenfalls von großem Vorteil sind. Eine dieser Facetten ist die Lebensgemeinschaft, die zahlreiche Pilze mit Bäumen eingehen, und davon möchte ich im folgenden Abschnitt berichten.

5.1 Warum man den Pfifferling nicht züchten kann

Der Deutschen liebster Speisepilz ist nicht etwa der Champignon, auch nicht der Austernpilz, es ist der Pfifferling *(Cantharellus cibarius).* Um das zu belegen, braucht man

© Springer-Verlag GmbH Deutschland 2018
J. I. Lelley, *No fungi no future,*
https://doi.org/10.1007/978-3-662-56507-0_5

neben den einschlägigen Statistiken der Konsumforscher nur die freudigen Ausrufe und die glänzenden Augen der Marktbesucher zu sehen, wenn im Frühsommer die ersten Pfifferlinge angeboten werden. Während meiner langjährigen Tätigkeit als Direktor der Versuchsanstalt für Pilzanbau in Krefeld wurde ich wiederholt gefragt, warum wir uns nur mit Champignons und Co. beschäftigen, statt Pfifferlinge zu züchten, da das doch viel lukrativer sei. Diese Frage habe ich oft damit beantwortet, dass, wenn ich es könnte, ich jetzt, statt am Schreibtisch zu sitzen, vermutlich einen Cocktail schlürfend am Strand von Acapulco liegen würde. Eine kurze, ernsthafte Antwort auf diese Frage ist: Es geht nicht, wir können es nicht!

Ebenso nicht wie die Kultivierung einiger anderer begehrter Speisepilze aus den Wäldern wie des Steinpilzes, des Maronenröhrlings, des Butterpilzes, aber auch nicht des hauptsächlich halluzinogen wirkenden Fliegenpilzes, der giftigen Knollenblätterpilze u. a. Es gibt nur eine einzige Ausnahme dieser widerspenstigen Waldpilze: die Trüffel. Eigentlich gehören auch sie zu den nicht kultivierbaren Arten, aber man kultiviert sie dennoch, weil sie wegen ihres exorbitant hohen Preises in einer ganz anderen Liga spielen. Wie man Trüffel züchtet, darauf komme ich später noch zurück.

Wenn man jedoch etwas tiefer in die Materie der nicht kultivierbaren Pilze einsteigt, relativiert sich das Problem. Die Unkultivierbarkeit bezieht sich nämlich nur auf deren Fruchtkörper, also auf den Teil der sichtbar ist, den man landläufig als den Pilz bezeichnet und dessen Anblick das Herz der Pilzfreunde höherschlagen lässt. Das Myzel der meisten dieser Pilze, das Geflecht unter dem Fruchtkörper,

das sich im Untergrund verbirgt, kann man im Labor kultivieren und vermehren. Es wächst auf verschiedenen Medien
mal langsamer, mal schneller, je nach Pilzart, Medium und
Kultivierungsbedingungen. Das Geheimnis der Kultivier-
barkeit von Pfifferlingen, Steinpilzen und anderen liegt
offensichtlich im Mechanismus der Fruchtkörperbildung
und -entwicklung. Der physiologische Prozess des Wech-
sels von der vegetativen Phase der Myzelbildung hin zur
generativen Phase der Fruchtkörperbildung, mithin der
Fortpflanzungsorgane, blieb trotz erheblicher Bemühungen
zahlreicher Forschergruppen bisher ungeklärt.

Zugegeben, dieser Befund wird den Pilzliebhaber nicht
begeistern. Aber sowohl aus ökologischen als auch aus
wirtschaftlichen Gründen kommt diesem Befund – dass
wenigstens das Myzel vieler Waldpilze gezüchtet werden
kann – eine außerordentliche Bedeutung zu. Und so werden Sie, meine verehrten Leserinnen und Leser, ein weiteres breites Feld kennenlernen, auf dem gerade jene Pilze,
die das Geheimnis ihrer Fruchtbildung nicht preisgeben
wollen, dennoch Außergewöhnliches leisten und unser
Überleben auf Erden unterstützen.

Die Mykorrhiza

Albert Bernhard Frank war im ausgehenden 19. Jahrhundert
Professor für Botanik an der Königlichen Landwirtschaftlichen Hochschule in Berlin. Er war ein vielseitiger Forscher,
interessierte sich für die Krankheiten der Kulturpflanzen und
hat sich intensiv auch mit der Pflanzenphysiologie beschäftigt. Wie so oft beugte er sich auch an diesem Herbsttag des

Jahres 1884 über sein Mikroskop, um die Feinwurzeln der Fichten und Eichen aus dem nahen Grunewald zu untersuchen, um endlich dem Phänomen der feinen Pilzstrukturen an den Wurzelspitzen auf den Grund zu gehen. Diese Wurzelspitzen waren ungewöhnlich. Dort, wo sie von Pilzstrukturen besiedelt waren, hörten sie auf zu wachsen und verdickten sich stattdessen. Was ist das für eine Verknüpfung zwischen dem Pilz und den Wurzeln, fragte sich Frank? Hat der Pilz den Baum über die Wurzeln als Schmarotzer befallen? Hat etwa der angesehene Kollege Lev Cenkovskijan, Professor an der Universität im ukrainischen Odessa, Recht, als er ähnliche Phänomene beobachtete und diese als Schmarotzertum bezeichnete? Aber die Bäume wachsen doch prächtig und zeigen gar keine Spur einer Schädigung – im Gegenteil. So kam Professor Frank schließlich zu der Erkenntnis, die er 1885 in seiner Veröffentlichung *Über die auf Wurzelsymbiose beruhende Ernährung gewisser Bäume durch unterirdische Pilze* in den *Berichten der Deutschen Botanischen Gesellschaft* folgendermaßen beschrieb:

Es betrifft die Tatsache, dass gewisse Baumarten, vor allen die Capuliferen ganz regelmäßig sich im Boden nicht selbständig ernähren, sondern überall in ihrem gesamten Wurzelsystem mit einem Pilzmycelium in Symbiose stehen, welches Ammendienste leistet und die ganze Ernährung des Baumes aus dem Boden übernimmt ... Wenn man irgend einer unserer einheimischen Eichen, Buche, Hainbuche, Hasel oder Kastanie die im Boden gewachsenen Saugwurzel, welche die letzten Verzweigungen des Wurzelsystems sind und die eigentliche nahrungaufnehmenden

Organe darstellen, untersucht, so erwiesen sie sich allgemein aus zweierlei heterogenen Elementen aufgebaut: aus einem Kern, welcher die eigentliche Baumwurzel repräsentiert, und aus einer mit jenem organisch verwachsenen Rinde, welche aus Pilzhyphen zusammengesetzt ist. Dieser Pilzmantel hüllt die Wurzel vollständig ein, auch den Vegetationspunkt derselben lückenlos überziehend, er wächst mit der Wurzel an der Spitze weiter und verhält sich in jeder Beziehung wie ein zur Wurzel gehörendes mit dieser organisch verbundenes peripherisches Gewebe. Der ganze Körper ist also weder Baumwurzel noch Pilz allein, sondern … eine Vereinigung zweier verschiedener Wesen zu einem einheitlichen morphologischen Organ, welches vielleicht passend als Pilzwurzel, Mycorhiza bezeichnet werden kann.

Seit der Erkenntnis von Frank, dass zwischen Bäumen und Pilzen offensichtlich eine Symbiose, eine Lebensgemeinschaft besteht, haben sich weltweit viele Wissenschaftler mit diesem Phänomen beschäftigt und Erstaunliches zutage gefördert. So stellte sich heraus, dass rund 85 % aller Landpflanzen mit Pilzen eine Lebensgemeinschaft, sprich Mykorrhiza, bilden. Ferner hat sich gezeigt, dass es zumindest sechs verschiedene Formen der Mykorrhiza gibt. Die sogenannte Ektomykorrhiza, die auch von Frank beschrieben wurde, wird von Großpilzen und den meisten Baumarten der gemäßigten Klimazone wie Kiefern, Fichten, Tannen, Eichen, Buchen, Birken und anderen gebildet. Dann gibt es die Mykorrhizen der meisten anderen, hauptsächlich krautigen Pflanzen sowie der tropischen und subtropischen Baumarten, wie z. B. Ginkgo und Mammutbaum, deren Partner mikroskopische Kleinpilze sind. Ferner entstehen spezielle Mykorrhizen zwischen

Pilzen, kleinen und großen, mit Eriken, Rhododendren, Erdbeerbäumen und schließlich auch mit Orchideen. Bei Letzteren spielen die Pilzpartner bereits im Babystadium eine unverzichtbare Rolle, da die keimenden Orchideen spätestens nach zwei bis drei Tagen auf die Nahrungshilfe eines Pilzpartners angewiesen sind.

Nur etwa 15 % der Pflanzenarten besitzen keinen Lebenspartner in Form von Pilzen. Dazu gehören die meisten Wasserpflanzen und die Gruppe der Kreuzblütler, wie die Kohlarten, Meerrettich, Raps, Radieschen und einige Zierpflanzen. Somit ist die Feststellung gerechtfertigt, dass die Mykorrhiza keineswegs nur ein Phänomen ist, sondern vielmehr den Normalzustand in der Pflanzenwelt darstellt und sich durch eine außerordentliche Vielfalt hinsichtlich der Formen und der beteiligten Partner auszeichnet. Die Bedeutung der Mykorrhiza wird noch insofern unterstrichen, als es – nach all dem, was wir über die Entwicklung der Pflanzenwelt wissen – Pilze waren, die bei der Eroberung der Landflächen die Pflanzen unterstützten. Das geschah, wie ich bereits in der Einleitung erwähnt habe, vor gut 450 Mio. Jahren.

Von den verschiedenen Formen der Symbiose werden wir uns mit der Symbiose zwischen Großpilzen und unseren waldbildenden Bäumen, mit der sogenannten Ektomykorrhiza, näher beschäftigen. Obwohl nur etwa 3 % der Pflanzenarten Ektomykorrhiza besitzen, sind es aber gerade diese Pflanzen, die unser Leben in der gemäßigten Klimazone und damit in Deutschland entscheidend beeinflussen. Die Ektomykorrhiza trägt maßgeblich dazu bei, dass in den gemäßigten Klimazonen weltweit ausgedehnte Nadelwälder und sommergrüne Laubwälder existieren, wovon allein in Deutschland mehr als 11 Mio. ha, 32 % der Landfläche, bedeckt sind. Was die Wälder für die Ökobilanz der Erde bedeuten, lässt sich am besten an der Tatsache ermessen, dass sie weltweit jährlich rund 2,4 Mrd. t Kohlenstoff absorbieren. Das entspricht einem Drittel des Kohlenstoffs, der durch die Verfeuerung von fossilen Brennstoffen in Form von CO_2 freigesetzt wird.

Aufbau und Funktion der Ektomykorrhiza

Gegen Ende des 19., Anfang des 20. Jahrhunderts sind viele wissenschaftliche Abhandlungen erschienen, die sich mit Pilzen beschäftigten, die mit Bäumen Mykorrhiza bilden. Die Ergebnisse dieser Studien fußten auf den Beobachtungen in der freien Natur, dass bestimmte Pilze ausschließlich in der Nähe von Bäumen vorkommen und manche von ihnen nur mit einer einzigen Baumart vergesellschaftet sind. Man hat im Laufe der Zeit über 100 Großpilze identifiziert, die mit Bäumen offensichtlich in strenger Symbiose leben. Manche von ihnen, wie z. B. der Fliegenpilz *(Amanita muscaria)*, hat ein breites Partnerspektrum und lebt gleichermaßen mit Lärchen, Fichten, Kiefern oder auch mit Birken zusammen. Andere halten sich ausschließlich an eine Baumart. So beispielsweise der Zirben-Röhrling *(Suillus plorans)*, der ausschließlich mit Zirbel-Kiefern oder der als Speisepilz beliebte Birken-Röhrling *(Leccinum scabrum)*, der nur mit Birkenarten vergesellschaftet ist.

Um zu verstehen, wie eine Lebensgemeinschaft zum Beispiel zwischen dem Pfifferling *(Cantharellus cibarius)* und seinen bevorzugten Baumpartnern, der Gemeinen Fichte oder der Rotbuche, zustande kommt, muss ich noch etwas zu den Wurzeln dieser Bäume sagen:

Die Wurzelbildung der Gemeinen Fichte ist von der Bodenbelüftung abhängig. Auf schweren Böden, bei Staunässe und bei hohem Grundwasserspiegel entwickelt sie ein tellerförmiges, flaches und ausladendes Wurzelsystem. Wenn der Boden tiefgründig und gut durchlüftet ist, entsteht ein mehrere Meter tief reichendes, verzweigtes Wurzelsystem. Die Rotbuche bildet einen starken Mittelteil, der nach unten wächst. An den Seiten entstehen zahlreiche Nebenwurzeln, die sich mit den Jahren über mehrere Meter erstrecken. So kommt es zu einer intensiven Durchwurzelung tieferer Bodenschichten. Die Wurzeln beider Baumarten bestehen aus Grob- und Feinwurzeln. Die Grobwurzeln geben den Bäumen Halt, während die dünnen Feinwurzeln, die oft nur eine kurze Lebensdauer haben und zwischen 0,8 und 2,0 mm dick sind, für die Wasser- und Nährstoffaufnahme sorgen. Die Feinwurzeln sind auch die physiologisch aktivsten Wurzeln.

Eine Pfifferling-Kolonie besteht aus einem dichten unterirdischen Geflecht, aus dem Myzel, das in der unmittelbaren Umgebung der Bäume lebt. Wie Untersuchungen nachgewiesen haben, scheiden die Baumwurzeln Phytohormone aus, die anziehend auf die Pilzfäden (Hyphen) wirken. Man fand heraus, dass sich das Wachstum der einzelnen Pilzfäden daraufhin um das Zwei- bis Dreifache erhöht. Zielstrebig steuern die Pilzfäden nunmehr auf die Feinwurzelspitzen zu und umspinnen sie. So entsteht die sogenannte Pilzwurzel, die Mykorrhiza, die im Falle unseres Pfifferlings eine Ektomykorrhiza ist. Die Pilzfäden bilden rasch einen für die Ektomykorrhiza typischen Myzelmantel um die Feinwurzelspitzen.

Damit ist aber der Prozess noch nicht beendet. Ausgehend vom Myzelmantel durchstoßen einzelne Pilzfäden die äußeren zwei bis drei Zellschichten der Wurzelspitzen und verzweigen sich kräftig im interzellulären Raum, also zwischen den Zellen. Diese Verzweigungen, die man nach ihrem Entdecker als Hartig'sches Netz bezeichnet, sind die Orte des nunmehr beginnenden intensiven Austausches von Nährstoffen und Wasser. Von der Oberfläche des Myzelmantels wachsen Pilzfäden in den Boden hinein und übernehmen die Funktion, die bisher die Feinwurzeln des Baumes innehatten. Da jedoch die Pilzfäden viel dünner sind als die kleinsten Feinwurzeln, durchdringen sie den Boden wesentlich intensiver, als dies die Feinwurzeln vermögen. Und da sie auch noch um ein Vielfaches zahlreicher sind, verbessern sie die Versorgung des Baumpartners gravierend. Berechnungen haben ergeben, dass die Wasser und Nährsalze aufnehmende Fläche eines Baumes durch die Etablierung der Mykorrhiza bis zu 1000-fach vergrößert wird. Man kann die Entstehung einer Ektomykorrhiza in Abb. 5.1 noch einmal gut nachvollziehen.

Die Ektomykorrhiza wurde von den Schweizer Forstwissenschaftlern Simon Egli und Ivano Brunner treffend als ein Organ bezeichnet, in dem, wie bei einer Handelsbörse, Stoffe zwischen Baum und Mykorrhizapilz ausgetauscht werden. Während der Baum das Produkt seiner Fotosynthese, die Kohlenhydrate, an den Mykorrhizapilz abgibt, erhält er von diesem im Gegenzug Wasser und

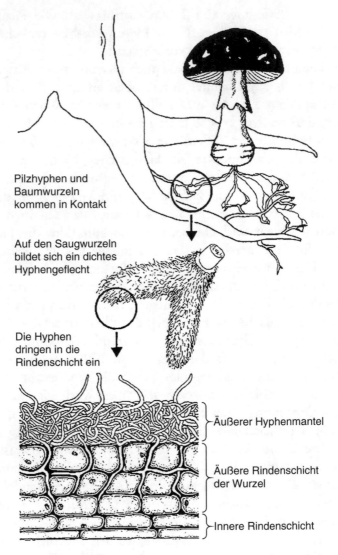

Pilzhyphen und
Baumwurzeln
kommen in Kontakt

Auf den Saugwurzeln
bildet sich ein dichtes
Hyphengeflecht

Die Hyphen
dringen in die
Rindenschicht ein

Äußerer Hyphenmantel

Äußere Rindenschicht
der Wurzel

Innere Rindenschicht

Abb. 5.1 So entsteht eine Symbiose zwischen Pilzen und Bäumen,
die Mykorrhiza, nach Feustel (1977)

verschiedene Bodennährstoffe wie Stickstoff, Phosphor und Mineralien. Diese vereinfachte Beschreibung deckt aber noch lange nicht alle Funktionen der Mykorrhiza ab, die eingehend untersucht und oft beschrieben wurden. Ich werde mich im Folgenden an die Darstellung meiner ehemaligen Mitarbeiterin Martina Flick halten, da sie alles Wissenswerte über die Ektomykorrhiza in einer umfangreichen Studie zusammengefasst hat.

Nach ihrer Etablierung an den Feinwurzelspitzen hängt die weitere Entwicklung der Mykorrhiza vom Angebot an Kohlenhydraten seitens des Baumpartners ab. Je mehr dieser davon zur Verfügung stellt, umso besser entwickelt sich der Pilzpartner, dessen Anteil an der Biomasse des Wurzelsystems bis zu 10 % betragen kann. Unter günstigen Bedingungen wird mehr als die Hälfte der Feinwurzeln vom Pilzmyzel ummantelt.

Nicht nur der Baum, sondern auch der Pilz scheidet Wachstumshormone aus. Diese bewirken, dass das Längenwachstum der Feinwurzeln und die Ausbildung von Wurzelhaaren gestoppt werden, da diese Funktionen nunmehr die Pilzfäden übernehmen (Abb. 5.2). Die Lebensdauer der pilzummantelten Feinwurzeln beträgt in der Regel ein bis drei Jahre, obwohl auch schon bis zu acht Jahre alte Mykorrhizen beschrieben wurden. Oft wachsen die Feinwurzeln im Frühjahr aus dem abgestorbenen Pilzmantel heraus und werden danach vom gleichen oder von einem anderen Mykorrhizapilz besiedelt.

Abb. 5.2 Mykorrhizierte Fichtenwurzel. Die Pilzfäden überneh-men die Funktion der Feinwurzeln des Baumes

Nach der Etablierung des Mykorrhizapilzes am Wurzel-werk vollzieht sich auch am Wirtsbaum eine augenfällige Veränderung. Die wichtigsten, durch wissenschaftliche Untersuchungen bestätigten, dieser Veränderungen sind:

- Verbesserte Stickstoff-, Phosphor- und Kaliumversor-gung, erhöhte Mikronährstoffaufnahme.
- Nährstofftransport im Verbundsystem zwischen benach-barten Bäumen über unterirdische Myzelstränge, die auch einen „Mutterbaum" mit umstehenden Sämlin-gen verbinden. Sie dienen zur Versorgung mit Kohlen-hydraten, da die jungen Bäume ihren Bedarf wegen der ungünstigen Lichtverhältnisse im Unterholz oft nicht decken können. Deshalb spielt die Mykorrhiza eine wichtige Rolle auch für die Naturverjüngung der Wälder.

- Bevorratung von Bodennährstoffen und auch von Assimilaten im Myzelmantel.
- Größere Trockenheitsresistenz des Baumes, schnellere Erholung nach Trockenperioden. Einige Mykorrhizapilze scheinen spezielle Mechanismen zu besitzen, die es ihnen ermöglichen, unter Feuchtigkeitsbedingungen zu wachsen, die unter dem Welkepunkt von Nadelbäumen liegen.
- Schutz vor Schaderregern; mechanischer Schutz durch Ummantelung der empfindlichen Wurzelspitzen und durch die Bildung antibiotisch wirkender Stoffwechselprodukte; Aktivierung der Abwehrmechanismen des Baumpartners.
- Wachstumsstimulierung; insbesondere bewirkt die Mykorrhiza ein schnelleres Höhen- und Dickenwachstum und eine schnellere Neubildung und Entwicklung der Borke.

Von ganz besonderer Bedeutung für das Ökosystem Wald ist die Fähigkeit der Mykorrhizapilze, die Baumpartner vor Schädigung durch Schwermetalle und radioaktive Substanzen zu schützen. Blei, Cadmium und Quecksilber gelangen durch Luftverunreinigungen in den Wald, wo sie sich ansammeln. Sie sind für die Bäume toxisch. Mykorrhizapilze können ihre Baumpartner vor toxischen Schwermetallen schützen, indem sie diese binden und im Myzelmantel anreichern. Diese Fähigkeit wird als Filterfunktion interpretiert. Sie hat jedoch zur Folge, dass die toxischen Metalle aus dem Myzel in die Fruchtkörper gelangen und dort gesundheitsgefährdende Konzentrationen erreichen können.

Der Schutzfunktion der Mykorrhiza kam im ausgehenden 20. Jahrhundert große Bedeutung zu. Damals hielten in Deutschland die bislang nicht gekannten Waldschäden die Forstwirtschaft und auch die Bevölkerung in Atem. Der saure Regen war in aller Munde – im wahren Sinne des Wortes. Seine Hauptursache war die Luftverschmutzung durch Abgase nach der Verbrennung von Kohle oder Heizöl. Der saure Regen hat die Wälder unmittelbar geschädigt und zur Blattvergilbung, zu Nadelabwurf und zu Entlaubung geführt. Ferner verursachte der saure Regen eine zunehmende Bodenversäuerung und infolgedessen auch eine Schädigung des Wurzelsystems der Bäume. Die zunehmende Versäuerung begünstigte die Mobilisierung der Schwermetalle und des Aluminiums im Boden, was das Gefährdungspotenzial noch weiter erhöhte.

Die älteren unter Ihnen, meine sehr verehrten Leserinnen und Leser, werden sich noch daran erinnern, welchen großen Stellenwert die Waldschäden in den deutschen Medien der 80er- und 90er-Jahre des vergangenen Jahrhunderts hatten. Hiobsbotschaften und Horrornachrichten nahmen kein Ende und man sprach schon vom Verschwinden der Deutschen Eiche. Ein angesehener Forstexperte, mit dem ich seinerzeit die Wälder im Eggegebirge besichtigt habe, verkündete auf einer Anhöhe mit einem breiten Schwung seines Armes: „Schauen Sie hin, in fünf Jahren steht hier kein Wald mehr". Das alles hörte sich damals sehr dramatisch an. In dieser Zeit setzte schließlich eine gezielte Forschungsaktivität ein, mit dem Ziel, die Fähigkeit der mykorrhizabildenden Großpilze unter Beweis zu stellen, um Bäume bei großräumigen Waldschäden vor Umweltbelastungen zu schützen.

5.2 Waldschäden mit Waldpilzen lindern

Im Herbst 1984 erhielt ich einen Anruf vom nordrhein-westfälischen Ministerium für Ernährung, Landwirtschaft und Forsten. Forstrat Alfred Becker, Mitarbeiter der Landesforstverwaltung in Düsseldorf, wollte mich sprechen. Das Gespräch mit ihm verlief in etwa wie folgt:

> Herr Dr. Lelley, ich habe mich intensiv mit der Mykorrhiza beschäftigt. Ich weiß, wie wichtig die Mykorrhiza im Leben der Waldbäume ist. Ich habe einschlägige Publikationen gelesen und Berichte studiert. Nun haben wir das Problem der neuartigen Waldschäden. Die Schäden nehmen bundesweit dramatisch zu. Ich halte es für denkbar, dass man mithilfe der Mykorrhiza Waldschäden lindern oder ihnen sogar vorbeugen könnte. Sie führen die einzige Forschungseinrichtung für angewandte Mykologie in unserem Bundesland. Könnten Sie sich vorstellen, wissenschaftliche Untersuchungen durchzuführen, um meine Vermutung zu bestätigen oder sie gegebenenfalls zu widerlegen?

Dieses Gespräch sollte der Auslöser eines zehn Jahre dauernden Forschungsprogrammes werden, dessen Zielsetzung weltweit einzigartig war.

Uns waren die verschiedenen negativen Einflüsse, die zu den neuartigen Waldschäden führten, bekannt. Es war uns auch bewusst, dass wir es mit einem sehr komplexen Problem zu tun haben, waren doch die schädlichen Einflüsse auf die Bäume von sehr unterschiedlicher Natur. Diesen Einflüssen zu begegnen, könnten nur Mykorrhizapilze in der Lage sein, die einen breit angelegten Abwehrmechanismus besitzen. Allerdings haben zwischenzeitlich angelaufene Forschungen gezeigt, dass der saure Regen nicht nur die Bäume schädigt, sondern auch die Mykorrhiza. Bei vielen geschädigten Bäumen war auch der Myzelmantel um die Wurzelspitzen angegriffen oder sogar komplett verschwunden. Nur wenn es gelingt, solche Mykorrhizapilze zu finden, die solchen Belastungen widerstehen, und sie am Wurzelsystem der waldbildenden Bäume zu etablieren, haben wir eine Chance, die bestehenden Waldschäden zu lindern und neuen vorzubeugen. Das Forschungsprogramm haben wir schließlich mit einer motivierten Truppe von jungen Wissenschaftlerinnen und Wissenschaftlern gestartet.

Zunächst galt es, zwei Fragenkomplexe zu bearbeiten, denen sich aber bald danach noch ein dritter zugesellte. Gibt es Mykorrhizapilze, die gegenüber der Bodenversauerung und deren Begleiterscheinungen widerstandsfähiger sind als der Durchschnitt, und könnten solche daher einen Baumpartner besser schützen? Wenn es solche Pilze gibt, ließe sich deren Myzel im Laboratorium kultivieren, danach großtechnisch vermehren und auf geeignete Weise an die Wurzeln von Baumsämlingen und Stecklingen anbringen? Das Ziel wäre die Wiederaufforstung von geschädigten Standorten mit diesen mykorrhiza-gestützten Jungbäumen, die dort überleben könnten. Bald danach tauchte der dritte Fragenkomplex auf, nämlich: Was geschieht mit den alten, kranken Bäumen? Könnte man sie mithilfe der Mykorrhiza gesunden, revitalisieren? Besonders dieser dritte Aspekt unseres Forschungsprogrammes war bis dahin weltweit ohne Beispiel – ein absolutes Novum.

Mit dem ersten Fragenkomplex hat sich unser Mitarbeiter Toni Willenborg beschäftigt, der seine Forschungsergebnisse in einer umfangreichen Studie zusammenfasste, deren wichtigste Erkenntnisse ich im Folgenden vorstelle.

In den Jahren 1983 bis 1985 hat Toni in verschiedenen Waldgebieten immer wieder Fruchtkörper von Mykorrhizapilzen gesammelt und von diesen mit einer geeigneten Technik Gewebekulturen auf ein Nährmedium übertragen, um die Myzelbildung dieser Pilze anzuregen. Er verwendete drei unterschiedliche Nährmedien und stellte bereits in diesen ersten Versuchen erhebliche Unterschiede im Wachstum der verschiedenen Pilzarten fest. Schließlich blieben von den insgesamt 64 getesteten Arten 29 übrig, die ausreichendes Wachstum zeigten, um sie mit Aussicht auf Erfolg in größerem Maßstab kultivieren zu können. Als Nächstes startete Toni ein Screening-Programm, um die Widerstandsfähigkeit der übrig gebliebenen 29 Mykorrhizapilze zu testen. Geprüft hatte er deren Säure- und Schwermetalltoleranz, ihre Durchsetzungsfähigkeit gegenüber im Boden lebenden Schadpilzen und ihre Reaktion auf Abgase von Kraftfahrzeugen.

Die meisten dieser Pilze haben sich als äußerst säuretolerant erwiesen. Das Resultat war ermutigend, weil es auf ein gutes Wachstum dieser Pilze in den sauren Waldböden hindeutete. Die Ergebnisse der nächsten Testreihe, der Prüfung des Verhaltens der Mykorrhizapilze gegenüber Schwermetallen, waren dagegen ernüchternd. Nur bei wenigen Arten konnte Toni Willenborg eine hohe Toleranz gegenüber Quecksilber und Cadmium beobachten. Noch am besten schnitt der Graue Wulstling *(Amanita excelsa)*, der Tonblasse Fälbling *(Hebeloma crustuliniforme)* und der als Speisepilz beliebter Maronenröhrling *(Xerocomus badius)* ab. Da Mykorrhizapilze im Boden nicht selten durch bodenbürtige Schadpilze von den Feinwurzeln verdrängt werden, war es wichtig zu testen, wie die bisher selektierten Arten auf eine solche Attacke reagieren. Mehrere Arten waren durchaus erfolgreich, unter ihnen auch der Graue Wulstling, der Tonblasse Fälbling und auch der Maronenröhrling.

Interessanterweise übten Autoabgase, die Toni Willenborg durch einen alten Golf erzeugt hatte, kaum eine nachteilige Wirkung auf die Mykorrhizapilze aus. Sie haben entweder gar nicht oder nur mit geringer Wachstumsstörung auf diese Belastung reagiert. Den Abschluss des umfangreichen Screening-Programmes bildeten die Versuche, um die 29 Pilzarten zur Bildung von Mykorrhiza an den Wurzeln von Fichtensämlingen anzuregen. Denn auch die besten der vorangegangenen Testergebnisse würden wenig nützen, wenn diese Pilze mit Bäumen nicht schnell und reichlich Mykorrhiza bilden. Allein diese Prüfung nahm insgesamt mehr als sechs Monate in Anspruch. Als beste schnitten schließlich zwei Arten ab: die Stämme Nr. 293 und 298 des Erbsenstreulings *(Pisolithus tinctorius),* die bereits nach sechs Wochen Mykorrhiza bildeten, und die Stämme W-50 und F-56 des Kahlen Kremplings *(Paxillus involutus).* Diese vier Isolate der beiden Mykorrhizapilze, die leider zum Verzehr ungeeignet sind, haben sich in der Summe aller Labor- und Gewächshausuntersuchungen als die aussichtsreichsten Kandidaten für die Waldschadensbekämpfung erwiesen.

Kurz nach Toni Willenborg startete die Arbeitsgruppe von Doris Schmitz mit ihren Untersuchungen und wandte sich der Lösung des zweiten großen Fragenkomplexes zu, ob man das Myzel von Mykorrhizapilzen großtechnisch vermehren und an die Wurzeln von Baumsämlingen applizieren kann. Ihre Studie war mehr praxisorientiert angelegt, mit dem Ziel, künftig bei der Aufforstung in Waldschadensgebieten mykorrhiza-gestützte Baumsämlinge einsetzen zu können. In der ersten Phase ihrer Untersuchungen hat sich Doris auf die Frage konzentriert, wie die Mykorrhiza an den Wurzeln der Jungpflanzen auf jene Kulturmaßnahmen reagiert, die in den Baumschulen üblicherweise durchgeführt werden: Düngung mit Stickstoff und Einsatz von Pestiziden. Wie sich herausstellte, mag die Mykorrhiza keine Stickstoffdüngung. Doris testete drei handelsübliche Stickstoffdünger, und manche Mykorrhizapilze wurden von allen dreien gehemmt. Andere verhielten sich differenziert, aber generell negativ.

Auf den Einfluss von Fungiziden (Pilzabtötungsmittel) reagierten Mykorrhizapilze ebenfalls differenziert, aber manche, wie z. B. der Kahle Krempling und der Erbsenstreuling, wuchsen davon völlig unbeeindruckt. Geradezu entgegengesetzt reagierten diese beiden auf Insektizide (Insektenabtötungsmittel). Eines der getesteten Mittel stoppte ihr Wachstum vollkommen und ein anderes führte immerhin zur Wachstumseinschränkung.

Die Böden der Baumschulen können im Sommer richtig heiß werden. Deshalb prüfte Doris das Verhalten von 29 Mykorrhizapilzen bei Temperaturen bis zu 25 °C. Wie erwartet, gab es auch hier ein buntes Bild. Aber die Favoriten unter ihnen, Erbsenstreuling und Kahler Krempling, zeigten eine große Flexibilität und wuchsen auch noch bei 25 °C zufriedenstellend.

Um Mykorrhizapilze in der Forstpraxis einsetzen zu können, musste ein geeigneter Trägerstoff entwickelt werden, womit das Pilzmyzel ausgebracht und bei Bedarf auch in den Boden eingearbeitet werden konnte. Die Prüfung einer Reihe möglicher Materialien führte schließlich zu einer Mischung von Vermiculit (ein blättriges, schuppiges Mineral), Schwarztorf und einer Nährlösung, die sich in praktischen Impfversuchen gut bewährt hat. Um für die Praxis eine einfachere Technik für die Ausbringung des Pilzmyzels anbieten zu können, hat Doris auch einen Impfstoff auf der Grundlage von getrocknetem Myzel entwickelt. Dieser hat sich in der Praxis leider nicht bewährt.

Die Arbeitsgruppen von Toni und Doris haben im Laufe der Jahre eine umfangreiche Sammlung von Mykorrhizapilzen angelegt, und es stellte sich die Frage, wie man diese Sammlung möglichst lange unbeschadet erhalten könne. Man muss sich das so vorstellen, dass üblicherweise kleine Myzelstücke in Glasröhrchen auf einem Nährmedium gehalten werden, aber die Kulturen altern, verbrauchen das Nährmedium und sterben nach einer gewissen Zeit ab. Es sei denn, sie werden noch rechtzeitig in neue Glasröhrchen auf ein neues Nährmedium übertragen. Diese Übertragung ist eine zeitraubende Arbeit und birgt die Gefahr einer Kontamination der Mykorrhiza-Pilzkultur durch Schimmel. Schließlich zeigte sich, dass die meisten Pilzkulturen bei 3 bis 5 °C zwei Jahre problemlos überstanden. Diese Erkenntnis hat den Arbeits- und Zeitbedarf für die Pflege der Mykorrhiza-Pilzsammlung erheblich verringert.

Viel Zeit widmete Doris Schmitz der Suche nach einer zuverlässigen Methode zur Etablierung der Mykorrhiza an

Jungpflanzen von Fichten und Buchen. Schließlich kristallisierte sich heraus, dass den besten Erfolg die Verwendung der schon bekannten Mischung aus Vermiculit, Torf und einer Nährlösung als Träger für das Pilzmyzel verspricht, wobei die Nährlösung aus der Mischung unmittelbar vor der Verwendung ausgewaschen werden sollte. Den Erfolg dieser Versuche, mit anderen Worten: den Vorteil, den Mykorrhizapilze Fichtenstecklingen auf einem geschädigten Waldstandort verschafft haben, zeigen eindrücklich die Abb. 5.3 und Abb. 5.4.

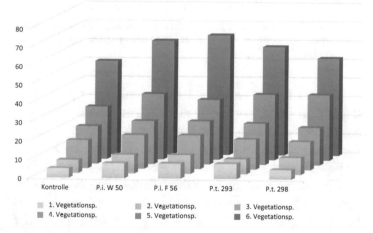

Abb. 5.3 Die Impfung von Fichtenstecklingen mit Mykorrhizapilzen hat deren Höhenwachstum (Sprosslänge) in sechs Vegetationsperioden gegenüber den nicht behandelten Kontrollpflanzen erheblich beschleunigt. Verwendet wurden zwei Stämme (Pi. W-50 und Pi. F-56) des Kahlen Kremplings *(Paxillus involutus)* und zwei Stämme (Pt. 293 und Pt. 298) des Erbsenstreulings *(Pisolithus tinctorius)*

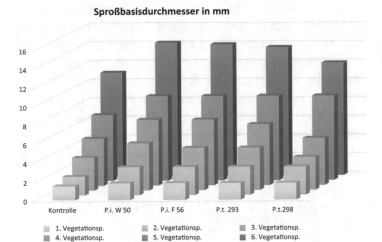

Sproßbasisdurchmesser in mm

Kontrolle   P.i. W 50   P.i. F 56   P.t. 293   P.t.298

■ 1. Vegetationsp.   ■ 2. Vegetationsp.   ■ 3. Vegetationsp.
■ 4. Vegetationsp.   ■ 5. Vegetationsp.   ■ 6. Vegetationsp.

Abb. 5.4 Auch der Durchmesser der Fichtenstecklinge aus Abb. 5.3 nahm in diesem Freilandversuch unter dem Einfluss der Mykorrhizapilze schneller zu

Wie ich bereits erwähnt habe, wurden wir kurz nach Beginn der bisher vorgestellten Forschungen mit der Frage konfrontiert, ob man mit Mykorrhiza außer den Jungbäumen auch dem bestehenden, alten Wald helfen könnte. Für die Beantwortung dieser Frage haben wir eine weitere Arbeitsgruppe um meine Mitarbeiterin Bettina Wüstenhöfer gebildet, der zudem ein erfahrener Mykologe und Mykorrhiza-Experte, Oswald Hilber, zur Seite stand. Die Forschergruppe sollte klären, ob ein mittelstark erkrankter Fichtenwald durch die Einbringung von Sporen von Mykorrhizapilzen und durch den Unterbau mykorrhizatragender Buchen revitalisiert werden könnte.

Der „Unterbau mykorrhiza-tragender Buchen" ist ein Verfahren, das zuvor noch nicht praktiziert wurde.

Der Grundgedanke dieses Verfahrens rührt von der Erkenntnis her, dass Mykorrhizapilze, ausgehend vom Myzelmantel an den Wurzelspitzen, ihre Fäden (Hyphen) weit in den umgebenden Boden vorantreiben und dabei auch an die Wurzelspitzen benachbarter Bäume stoßen. Um diesen Prozess gezielt zu fördern, verwendet man sogenannte Mykorrhiza-Depotpflanzen. Dies sind zwei- bis dreijährige Jungpflanzen, die bei der Aussaat mykorrhiziert wurden und deren Wurzelsystem aus vielen vom Myzelmantel besetzten Feinwurzeln besteht. Solche Mykorrhiza-Depotpflanzen setzt man unmittelbar in den Umkreis der Altbäume.

Wenn zudem der Standort durch sehr spezifische, mykorrhiza-schonende Weise gedüngt wird, kann die Feinwurzelbildung der Altbäume angeregt werden. So können die Pilzfäden, von den Depotpflanzen kommend, auf zahlreiche unbesetzte Wurzelspitzen treffen und bei den Altbäumen innerhalb kurzer Zeit die Bildung üppigen Mykorrhizabesatzes mit all den damit verbundenen Vorteilen bewirken.

Bettina hat für ihre Versuche einen 6,6 ha großen Fichtenwald ausgewählt und ihn in 54 Parzellen von je 500 m^2 unterteilt. Im Sommer 1985 wurden zwei Drittel der Parzellen mit zwei verschiedenen Düngervarianten behandelt, um die Feinwurzelbildung anzuregen. Ein Jahr später erfolgte die Ausbringung von Mykorrhizapilzen; in diesem Fall nicht in Form von Myzel, sondern von Sporen, sowie durch die Auspflanzung von Mykorrhiza-Depotpflanzen. Von Anfang an, bis 1988, wurde die Auswirkung der Düngung, später die der Mykorrhiza-Ausbringung untersucht. Pilzkartierungen, Boden- und Wurzeluntersuchungen wurden wiederholt durchgeführt.

Obwohl der Boden im Versuchswald, bedingt durch den fortdauernden Eintrag sauer wirkender Schadstoffe, kontinuierlich saurer wurde, führte der Einsatz von Mykorrhizapilzen zu positiven Ergebnissen. Der Anteil der von Mykorrhiza besetzten Feinwurzeln der Fichten hat sich signifikant erhöht und jener ohne Mykorrhiza deutlich verringert. Die Ergebnisse aller durchgeführten Untersuchungen deuteten auf eine Gesundung des Waldes hin. Leider, wie es bei Forschungsaufträgen meistens der Fall ist, stand uns nur eine begrenzte Zeit zur Verfügung. Aber gerade bei Versuchen im Wald, der langsam wächst, muss man einen langen Atem haben, um zu abschließenden, gesicherten Ergebnissen gelangen zu können. Diese Zeit wurde uns für den Waldversuch leider nicht gewährt. Personelle Veränderungen in der Forstverwaltung, andere Prioritäten in der Forschungsförderung und nicht zuletzt die leichte Entspannung im Hinblick auf die Schädigung des Waldes haben das Ende unseres Forschungsprogrammes eingeläutet. Aber gerade die einmaligen Erfahrungen aus dem Versuchswald haben wir in einem weiteren spektakulären Projekt nutzen können.

5.3   Die Bärenwaldeiche von Niederholzklau

Die Vorgeschichte

Verehrte Leserinnen und Leser, wahrscheinlich werden Sie jetzt fragen, wo Niederholzklau liegt? Niederholzklau ist ein Gemeindeteil von Freudenberg im Kreis Siegen-Wittgenstein in Nordrhein-Westfalen. Der Ort wurde im Jahre 1256 zum ersten Mal urkundlich erwähnt. Am Ortsrand, an der Grenze zum Gemeindeteil Oberholzklau, steht in ca. 330 m Meereshöhe, inmitten von Fichten, eine mächtige Stieleiche *(Quercus robur)*, die im Volksmund Bärenwaldeiche oder Bäreneiche genannt wird.

Die Ausmaße des Baumes sind beeindruckend. Höhe: 31 m, Stammdurchmesser: 1,66 m, Umfang 5,2 m, bestätigtes Holzvolumen: mehr als 22 m³. Der Baum ist sehr alt; der erste schriftliche Hinweis auf ihn datiert aus dem Jahr 1453. Man kann daraus schließen, dass der Baum zu diesem Zeitpunkt bereits ein ansehnliches Exemplar war, vielleicht sogar schon eine auffällige Größe hatte. Forstexperten gehen davon aus, dass das Geburtsjahr der Bärenwaldeiche um 1310 liegt. Diese Annahme stimmt übrigens recht gut mit dem Ergebnis einer Extrapolation ihrer Höhen- und Durchmesserentwicklung in den letzten 90 Jahren überein, wonach ihr Alter zwischen 650 bis 720 Jahren liegen dürfte (Abb. 5.5).

Ob die Bäreneiche von Menschenhand gesät wurde oder vom Eichenhäher, der Eicheln als Wintervorrat vergräbt, ist unklar; sie könnte auch durch Fruchtabfall von benachbarten Bäumen entstanden sein. Die Bärenwaldeiche ist heute das älteste Lebewesen im Landkreis. Zur Zeit ihrer Geburt wütete in Deutschland die Pest; Niederholzklau hieß damals noch *„inferior holzcla"*. Diesen Baum gab es schon, als der erste Bauabschnitt des Kölner Doms im Jahr 1322 vollendet wurde, er hatte bereits ein respektables Alter, als Christoph Kolumbus 1492 Amerika entdeckte, und war schon 1871 zur Zeit der Deutschen Reichsgründung 560 Jahre alt.

Abb. 5.5 Die mächtige, etwa 700 Jahre alte Bärenwaldeiche im Winter. Foto © Arnold Irle

Im europäischen Kulturkreis hatten Bäume stets einen hohen Stellenwert. Dies gilt in besonderem Maße für Eichen, die als Symbol für Stärke und Macht galten. Kelten und Germanen nannten ihre Eichenhaine heilig, unter größeren Eichen wurden Opfer dargebracht. Es ist allerdings nicht überliefert, ob die Bärenwaldeiche bei kultischen Ritualen eine solche Rolle gespielt hatte, aber als ein außergewöhnlich altes und mächtiges Exemplar wurde sie vor Jahrzehnten unter Naturschutz gestellt und galt von da an als Naturdenkmal.

Im Mai 1977 wurden erstmalig Schäden an der Bäreneiche entdeckt. Ein dicker Ast war abgebrochen und vertrocknete Äste wurden in der Krone sichtbar. Bei regelmäßigen Beobachtungen in den Folgejahren konnte man zunächst keine weiteren ernst zu nehmenden Schädigungen feststellen. Erst 1986 wurde eine Faulstelle im unteren Stammbereich des Baumes entdeckt, die dann sachgerecht beseitigt wurde. Merkmale einer nachlassenden Vitalität der Bäreneiche waren nicht erkennbar. Schließlich kam es im Sommer 1990 zu einem für die Bäreneiche einschneidenden Ereignis: Sie wurde vom Blitz getroffen. Vom Stamm des Baumes wurde ein Rindenstreifen von 20 m Länge und 30 bis 60 cm Breite abgesprengt. Danach setzte ein gravierender Vitalitätsverlust ein; mehrere Starkäste starben ab und am Fuße des Baumes tauchten gefährliche Pilze auf: der Gemeine Schwefelporling *(Laetiporus sulfureus)* und der Eichen-Leberreischling *(Fistulina hepatica)*. Ersterer ist ein gefährlicher Parasit, der gerne Eichen befällt, Letzterer gilt als Schwächeparasit, der an geschwächten Eichen wächst.

Die zuständige Naturschutzbehörde beauftragte einen Gutachter, um zu klären, was mit der Bärenwaldeiche nunmehr geschehen soll. Gleichzeitig beabsichtigte die Behörde, den Baum aus dem Naturdenkmalschutz zu entlassen. Diese Absicht wurde durch das Ergebnis des Gutachtens, das im Herbst 1991 vorlag, noch bestärkt. Das Gutachten enthielt die Empfehlung, *„keine kostspieligen Sanierungsmaßnahmen"* mehr vorzunehmen und *„den Baum in Ehren sterben zu lassen"*.

Es lebe die Mykorrhiza!

Im Winter 1993 erhielt ich erneut einen Anruf von Alfred Becker, der inzwischen aus dem Dienst des Düsseldorfer Ministeriums ausgeschieden war und nun als Forstdirektor die Leitung des Forstamtes Siegen übernommen hatte. Sein Amt war auch für die Wälder bei Niederholzklau, wo die Bäreneiche stand, zuständig, und er erinnerte sich noch an unsere frühere erfolgreiche Zusammenarbeit. Er rief mich also an und bat mich, mir Gedanken darüber zu machen, ob es möglich sei, den Verfallsprozess der Bärenwaldeiche durch eine kombinierte Maßnahme, bei welcher der Einsatz von Mykorrhizapilzen eine wichtige Rolle spielen sollte, zu stoppen. Wir wollten es versuchen, den über 650 Jahre alten Baum zu retten! Eine solche Aufgabe kann man nicht ablehnen. Schon gar nicht, wenn man im Besitz der guten Ergebnisse ist, die unsere Mitarbeiterin Bettina Wüstenhöfer mit der Revitalisierung des geschädigten Fichtenwaldes im Egge Gebirge erzielen konnte.

Im Jahr 1993 forschte Jürgen Kutscheidt bei uns. Er beschäftigte sich mit dem Einfluss des gefährlichsten Baumschädlings, des Hallimasch *(Armillaria spp.)*, auf die Verbreitung der neuartigen Waldschäden. Haben etwa diese Pilze die Waldbäume vielerorts vorgeschädigt, weshalb sie auf die Belastungen durch Immissionen besonders empfindlich reagierten? Oder trat der Hallimasch deshalb massenhaft in deutschen Wäldern auf, weil die Luftschadstoffe und der saure Regen die Widerstandskraft der Bäume geschwächt hatten? Dieses Dilemma wollte Jürgen klären, wobei seine Untersuchungsobjekte hauptsächlich befallene, geschädigte Eichen waren. Er befasste sich auch mit mechanischer Baumsanierung und hatte Kontakt zu sogenannten Baumkletterern, die trockene Äste aus Baumkronen entfernen, ohne dafür Maschinen zum Hochsteigen zu benötigen. Mithilfe einer besonderen Seiltechnik bewegen sie sich im Kronenbereich und schneiden mit einer mitgeführten leichten Motorsäge alle toten Äste ab. Diese Technik ist besonders im Wald sehr nützlich, wo man Maschinen oft gar nicht verwenden könnte.

Zusammen mit Jürgen Kutscheidt unterbreitete ich dem Forstamt Siegen einen Sanierungsvorschlag und schlug drei Maßnahmen vor:

- Entfernung aller Totäste und Säuberung der Blitzwunde,
- Anregung des Feinwurzelwachstums der Bärenwaldeiche durch eine punktuelle Düngung mit Langzeitdünger,
- Etablierung von Mykorrhiza-Depotpflanzen am Rand der Kronenschirmfläche der Eiche, wo sich die meisten Feinwurzeln befinden und wo die Neubildung von Feinwurzeln am ehesten angeregt werden könnte.

Die Sanierungsmaßnahmen wurden am 3. September 1993 planmäßig durchgeführt und die Wirkung der Maßnahmen in den folgenden 24 Jahren regelmäßig überprüft.

Als Mykorrhiza-Depotpflanzen verwendeten wir insgesamt 20 zweijährige Sämlinge, 10 Buchen, 9 Eichen und eine Birke. Sie wurden bei uns im Institut kurz nach der Aussaat in Containern mit dem Stamm W-50 des Kahlen Kremplings *(Paxillus involutus)* mykorrhiziert. Wir benutzten Sämlinge mit diesem Mykorrhiza-Pilzstamm, da er sich in den vorangegangenen mehrjährigen Forschungsprojekten auch in Extremlagen als hervorragender Symbiosepartner für Eichen erwies. Die Depotpflanzen haben wir in sechs Gruppen in den Wurzelraum der Bärenwaldeiche gepflanzt. So wollten wir erreichen, dass – wie in mehreren vorangegangenen Versuchen – der Kahle Krempling von den Depotpflanzen ausgehend die neu gebildeten Feinwurzeln der Eiche besiedelt.

Für die punktuelle Düngung, bestehend aus Stickstoff, Phosphat, Kalium und Magnesium, haben wir ein Produkt verwendet, das seine Bestandteile sukzessive in 12 bis 14 Monaten freigibt und eine schwache, aber nachhaltige Wirkung hat. Gleichzeitig mit diesen Maßnahmen verrichteten auch die Baumkletterer ihr Werk, befreiten die Bäreneiche von allen Trockenästen und reinigten die Wunde von morschen Holzresten, die nach dem Blitzeinschlag übrig blieben.

Spannend war die Frage, wie wir den Erfolg dieser Maßnahmen kontrollieren könnten. Als recht zuverlässig erwies sich die Überprüfung des Mykorrhizastatus an den Feinwurzeln der Bäreneiche. Nach allen verfügbaren Erkenntnissen konnten wir davon ausgehen, dass, je mehr Wurzelspitzen mit Myzelmantel vorhanden sind, desto besser die Nährstoffversorgung des Baumes ist. Die erste Wurzelkontrolle führten wir anderthalb Jahre später, im März 1995, durch, die letzte 15 Jahre nach der Sanierung im Jahr 2008. Jedes Mal wurden um den Baum herum sechs Standorte definiert, an denen wir mit einem Sechszylinder bis zu 25 cm tiefe Bodenproben gezogen haben. Dabei wurde sichergestellt, dass sich in den Bodenproben ausschließlich Feinwurzeln der Bärenwaldeiche befanden. Die Bodenproben wurden im Laboratorium unter fließendem Wasser sorgfältig gereinigt und danach mit einem Auflichtmikroskop untersucht. Ermittelt haben wir die Anzahl der Wurzelspitzen insgesamt und die Anzahl jener, die vom Myzelmantel umgeben waren. Auch ist es uns gelungen, die Identität des verwendeten Kahlen Kremplings an den Wurzelproben nachzuweisen.

Das Ergebnis war sehr erfreulich: Gegenüber der Ausgangssituation aus dem Jahr 1993 mit einem durchschnittlichen Mykorrhizabesatz der Feinwurzelspitzen der Bärenwaldeiche von knapp über 20 % erreichten wir bereits nach weniger als zwei Jahren einen Wert von fast 39 %. Drei Jahre nach der Sanierung betrug der Mykorrhizabesatz schon mehr als 50 %. Dieser Wert hat sich über den gesamten Untersuchungszeitraum von 15 Jahren stabilisiert (Tab. 5.1).

Tab. 5.1 Veränderung des Mykorrhizabesatzes an den Feinwurzeln der Bärenwaldeiche in einem Untersuchungszeitraum von 15 Jahren

Jahr	Probenstandort Nr. 1			Probenstandort Nr. 2			Probenstandort Nr. 3		
	1	2	3	1	2	3	1	2	3
1995	536	195	**36,4**	609	170	**27,9**	625	280	**44,8**
1996	1021	493	**48,3**	962	592	**61,5**	710	173	**24.4**
1997	1530	834	**54,5**	2381	1687	**71,0**	887	369	**41,6**
1999	882	538	**60,9**	760	349	**45,9**	823	444	**53,9**
2004	593	290	**48,9**	978	484	**49,5**	700	326	**46,6**
2008	292	144	**49,3**	226	102	**45,1**	448	264	**58,9**

Jahr	Probenstandort Nr. 4			Probenstandort Nr. 5			Probenstandort Nr. 6		Durch-schnitt
	1	2	3	1	2	3	1	2	in %
1995	550	213	**38,7**	640	315	**49,2**	693	253	**36,5**	**38,92**
1996	382	224	**58,6**	879	630	**71,7**	1025	621	**60,6**	**54,18**
1997	2141	1060	**49,5**	2220	1759	**79,2**	2490	1873	**65,5**	**60,23**
1999	860	610	**70,9**	1027	668	**65,0**	917	477	**52,0**	**58,10**
2004	558	286	**51,2**	765	488	**63,5**	519	219	**42,2**	**50,35**
2008	244	172	**70,5**	291	150	**51,5**	325	212	**65,2**	**56,75**

Erklärung: 1 = Gesamtzahl der gezählten Wurzelspitzen, 2 = Gesamtzahl der mykorrhizierten Wurzelspitzen, 3 = Mykorrhizafrequenz in %

Als wichtiger Vitalitätsparameter gilt bei Bäumen der Belaubungsgrad. Dieser hat sich bei der Bärenwaldeiche dramatisch zum Positiven verändert (Abb. 5.6). Seit 24 Jahren wird im Frühjahr und Herbst in ca. drei Metern Höhe am Stamm des Baumes eine Umfangmessung durchgeführt. Das macht Arnold Irle, ein Oberholzklauer Naturfreund, Orchideenexperte und Fan der Bärenwaldeiche. Er fotografiert den Baum regelmäßig, um Jahr für Jahr die Entwicklung der Belaubung zu beobachten. Die Ergebnisse der Umfangmessungen habe ich in Tab. 5.2 zusammengestellt. Auch andere Maßnahmen wie die Messung des Kalluswachstums an der Blitzschlagwunde und die Zählung der Absprünge wurden für die Erfolgskontrolle verwendet.

Die Ergebnisse aller Beobachtungen und Messungen lassen den Schluss zu, dass die Bärenwaldeiche seit der Durchführung der Sanierung im Herbst 1993 deutlich an

Abb. 5.6 Kronenbild der Bärenwaldeiche, Veränderungen aus Folge der Sanierung. *Oben* 1996, *Mitte* 2011, *unten* 2017. Aufgenommen von © Arnold Irle, jeweils im Monat August

Tab. 5.2 Durchmesserzuwachs und Jahrringbreite der Bärenwaldeiche. Zuwachsmessung mit Dauermessband

Jahr der Überprüfung	Zuwachs in mm	Jahrringbreite in mm	Jahr der Überprüfung	Zuwachs in mm	Jahrringbreite in mm
2001	2,2	1,1	2009	3,8	1,9
2002	3,5	1,74	2010	1,0	0,5
2003	1,6	0,8	2011	2,7	1,35
2004	2,4	1,2	2012	2,0	1,0
2005	1,2	0,6	2013	3,3	1,65
2006	3,1	1,55	2014	2,6	1,3
2007	Messbandzerstörung		2015	1,1	0,5
2008	1,6	0,8	2016	3,3	1,65
Durchmesserzuwachs 2001 bis 2016				**35,4 mm**	

Vitalität gewonnen hat. Ausschlaggebend für diesen Erfolg war vor allem die Etablierung der Mykorrhiza an den Feinwurzeln des Baumes; als sehr nützlich erwies sich aber auch die Kronensanierung. Die durchgeführten Maßnahmen waren also wirksam, wodurch die Lebenserwartung der Bärenwaldeiche nach heutiger Erkenntnis signifikant verlängert werden konnte. Die angewendeten Maßnahmen und die Methoden der Erfolgskontrolle können nach Auffassung von Forstexperten auch wegweisend für die Behandlung und Revitalisierung anderer geschädigter denkmalwürdiger Bäume sein. So können Mykorrhizapilze auch Kulturgut schützen. Denn Denkmäler aus Ziegel oder Stein können nach einer Zerstörung aufgebaut und in ihrer ursprünglichen Form wiederhergestellt werden. Wenn jedoch ein Baumdenkmal zugrunde geht, dann geht es den Menschen für alle Ewigkeit verloren.

Über die Geschichte der Bärenwaldeiche in Niederholz-klau und ihre Revitalisierung haben wir mit Unterstüt-zung des Siegerländer Heimat- und Geschichtsvereins und der NRW-Stiftung Natur, Heimat, Kultur 2011 ein Büch-lein veröffentlicht. Darin schrieb der Hauptautor Alfred Becker:

> ... nach all dem, was wir sehen, voraussichtlich überlebt die Bärenwaldeiche, sofern neue schädigende Ereignisse größeren Umfangs ausbleiben, die Berichterstatter.

Es ist ein trauriges Spiel des Schicksals, dass, als ich gerade diese Zeilen schrieb, den Anruf erhielt, dass Alfred Becker, der sich mehr als ein Vierteljahrhundert so beispielhaft um die Bärenwaldeiche gekümmert hat, völlig unerwartet verstarb. Er hatte Recht behalten. Und ich bin mir sicher, dass die Bärenwaldeiche auch Arnold Irle und mich über-leben wird.

5.4 Zum guten Schluss: die Zucht von Trüffeln

Kurze Kulturgeschichte

Auch die Trüffel ist ein Ektomykorrhizapilz, der einen Myzelmantel an den Wurzelspitzen ihres Symbiosepart-ners bildet. Sie ist der begehrteste Speisepilz weltweit. Selbst der japanische Kiefernpilz *(Tricholoma matsutake)*, strenger Symbiosepartner der japanischen Rotkiefer, der nach Literaturangaben auch schon mal bis zu 2000 US$ je

Kilogramm einbringt, kommt an die Wertigkeit bestimmter Trüffelarten nicht heran. Die Trüffel gilt als die Königin der Speisepilze, und man zahlt für sie auch schon mal fürstliche Preise. Ebenfalls der Literatur entnehme ich, dass die weiße Trüffel *(Tuber magnatum)*, die nach ihrem Hauptverbreitungsgebiet auch Piemont-Trüffel genannt wird, bis zu 9000 EUR je Kilogramm kostet. Im Durchschnitt jedoch wird nur etwa die Hälfte verlangt. In einem gutsortierten Gemüsestand in Krefeld habe ich vor einiger Zeit weiße Trüffel gefunden, die mit 4,50 EUR je Gramm angeboten wurden. Es gab aber auch Ausnahmen, bei denen weiße Trüffel schwindelerregende Preise erzielten. So bei einer Auktion im Dezember 2014 in New York, wo man für eine knapp 1,9 kg schwere weiße Trüffel 61.259 US$ zahlte. Aber den absoluten Spitzenpreis erzielte drei Jahre zuvor ein 1,3 kg schweres Exemplar, wofür ein Gourmet den astronomischen Preis von 417.200 US$ hingeblättert hat. Können Sie jetzt, liebe Leser, nachvollziehen, dass man alles Erdenkliche daransetzte, um diesen Mykorrhizapilz in Kultur zu nehmen?

Nicht alle Trüffelarten sind gleich teuer. Die im Südwesten Frankreichs kultivierte schwarze Périgord-Trüffel *(Tuber melansporum)* bleibt mit durchschnittlich 2000 EUR je Kilogramm preislich hinter der weißen Trüffel zurück. Ebenso die im Süden und Südosten Frankreichs, einschließlich der Côte d'Azur, kultivierte Burgunder Trüffel *(Tuber uncinatum)*. Sie kostet „nur" bis zu 1000 EUR je Kilogramm, wobei ich sie bei eBay schon für 140 EUR gesehen habe. Hierhin gehört auch der Hinweis, dass Trüffelkäufer leider oft Fälschern zum Opfer fallen, die ihnen die vergleichsweise niedrigpreisigen

Sommer- oder Wintertrüffel *(Tuber aestivum, T. brumale)* –
Preis je Kilogramm im Bereich von wenigen hundert
Euro – als Périgord-Trüffel andrehen. Die Unterscheidung
ist nur in Kenntnis der unterschiedlichen Maserung der
Schnittflächen, oder, noch genauer, durch eine mikroskopi-
sche Untersuchung der Sporen möglich.

Der Ruf der Trüffel reicht weit zurück in die Vergangenheit. Von einem unbekannten Autor wurde sie 1600 v. Chr.
als mystisches Produkt der Erde beschrieben. Der griechische Philosoph Theophrastos von Eresos (371–287 v. Chr.)
beschrieb die Trüffel in seiner *Historia plantarum* als Pflanze
ohne Wurzeln, Stiel, Äste, Blätter, Blüten und Frucht. Der
römische Schriftsteller Cicero (106–43 v. Chr.) hielt Trüffel
für Kinder der Erde und der griechische Arzt Dioskurides
beschrieb sie im ersten Jahrhundert n. Chr. als eine knollige
Wurzel. Andere antike Autoren glaubten, dass Gewitter für
die Entstehung der Trüffel verantwortlich seien. So glaubte
der griechische Schriftsteller Athenaeus im 2. Jahrhundert
in seinem Werk *Deipnosophistai* (Der Gastronom), dass die
Anzahl und Größe der Trüffel von der Anzahl und Heftigkeit der Blitzschläge abhängen.

Im Werk *De re coquinaria* (über die Kochkunst) von
Marcus Gavius Apicius aus dem 1. Jahrhundert finden wir
schriftliche Hinweise für die Zubereitung von Trüffeln.
Der Autor beschrieb darin insgesamt sechs Rezepte, dar-
unter eine Weinsoße sowie eine Methode, um Trüffel in
Sägemehl zu lagern.

Über schriftliche Berichte von der Trüffel aus der
Antike könnte man noch weiter berichten. Sie galt zweifellos schon damals als einmalige Delikatesse, die man auch

als das „schwarze Gold" bezeichnete. Doch danach geriet sie für gut 1000 Jahre in Vergessenheit. Aus dem Mittelalter ist über sie kaum etwa zu erfahren. Die Renaissance der Trüffel, die bis heute unverändert anhält, setzte erst Anfang des 19. Jahrhunderts ein.

Im Bulletin der Archäologischen Gesellschaft von Périgueux in Frankreich wird davon berichtet, dass die ersten Trüffeln auf den Banketten des französischen Adels im 16. Jahrhundert verzehrt wurden. Um 1780 war die Trüffel in Paris noch eine Seltenheit, der getrüffelte Truthahn noch ein absoluter Luxus, der nur auf den Tafeln großer Herren und Kurtisanen gereicht wurde. Nennenswerten Anteil hatte daran der französische Richter und leidenschaftliche Koch Brillant-Savarin (1755–1826), zu dessen Ehren heute ein mit Trüffelscheiben und Fleischwürfeln von Schnepfen gefülltes Omelett „Savarin" genannt wird.

Ende des 18. Jahrhunderts begann in Frankreich der Trüffelhandel. 100 Jahre später erreichten die französischen Trüffelexporte 1,5 Mio. kg pro Jahr. Es waren ausschließlich gesammelte Exemplare. Infolge der Ausbeutung der Standorte ging aber der Ertrag stark zurück. Deshalb hat man in Frankreich größte Anstrengungen unternommen, um die dort am weitesten verbreitete Art, die Périgord-Trüffel, zu kultivieren. Dazu nutzte man eine auf Zufall basierende Methode, die die Natur nachzuahmen suchte, indem Eicheln unter Trüffel tragende Bäume gesät wurden. Nachdem die Sämlinge ausgetrieben waren, hat man sie schließlich an einen anderen Standort verpflanzt.

Der Anbau

Trüffel sind sogenannte Bauchpilze (Gasteromyceten). Ihre Fruchtkörper sehen wie eine Knolle aus, haben weder Hut noch Stiel und die Fortpflanzungsorgane, die Sporen, werden innerhalb dieser Knolle gebildet und nach deren Zerfall freigegeben. Die Fruchtkörper befinden sich einige Zentimeter tief unter der Erdoberfläche; somit sorgen Insekten, Wildschweine, Pilzfliegen für ihre Verbreitung. Trüffel leben in strenger Symbiose. Ihre Lebenspartner sind unter anderem die Eiche, Haselnuss, Schwarzkiefer und Hainbuche. Aus diesem Umstand leitet sich die heute übliche Anbaumethode ab. Auch sie ahmt in gewisser Weise noch die Natur nach, ist langwierig, umständlich, unsicher und im Telegrammstil mit einem Satz gesagt:

Man bringt Trüffelsporen an die Wurzeln von ein- bis zweijährigen Symbiosepartnern, kultiviert sie für zwei Jahre weiter und wenn Zeichen der Mykorrhiza an ihren Wurzeln sichtbar sind, pflanzt man sie an einen geeigneten Standort und wartet mindestens weitere fünf bis sechs Jahre.

Ich hatte die Gelegenheit, sechs Jahre lang mit einem der führenden europäischen Trüffelexperten, dem ungarischen Mykologen Zoltán Bratek, zu forschen. Von meinen Erfahrungen aus dieser Zeit gebe ich Ihnen das Wesentliche zum Trüffelanbau weiter.

Für die Gewinnung der Trüffelsporen werden alte Fruchtkörper verwendet, die man im Laboratorium, in einem Mixer, unter Zugabe von Wasser, zu einer Suspension aufbereitet. Diese Suspension enthält die im Fruchtkörper befindlichen

Sporen. Als Trägerstoff für die weitere Verwendung der Sporensuspension eignet sich gut Torf mit Vermiculit. Aus der Sporensuspension und dem Trägerstoff stellt man eine pastenartige Mischung her, mit der die Trüffelsporen an die Wurzeln der Symbiosepartner gebracht werden.

Als Symbiosepartner benutzt man am besten ein- bis zweijährige Fichten- oder Eichensämlinge, die in einem Gewächshaus einzeln in kleinen speziellen Containern angezogen werden. Wichtig ist, dass die Luft, die von außen ins Gewächshaus eintritt, gefiltert wird, um zu vermeiden, dass Sporen anderer Mykorrhizapilze hineingelangen und womöglich der geplanten Impfung mit den Trüffelsporen zuvorkommen. Die Container sind deshalb speziell, weil man sie auseinanderklappen und die Wurzeln der Sämlinge freilegen kann. Auf die freigelegten Wurzeln wird nunmehr ein voller Esslöffel der Sporenpaste gelegt, dort verteilt und der Container wieder zugeklappt. Danach kultiviert man die Baumsämlinge im Gewächshaus weiter. Spätestens nach zwei weiteren Jahren lässt sich feststellen, ob die Mykorrhiza zwischen den Sämlingen und den Trüffeln zustande gekommen ist, was durch erneutes Aufklappen der Container und Untersuchung der Pflanzenwurzeln erfolgt. Die gelungenen Sämlinge werden danach verschult. Auf diese Weise werden allein in Frankreich mit 300.000 bis 400.000 Sämlingen alljährlich bis zu 7000 ha neue Trüffelkulturen angelegt. In Italien sollen es jährlich bis zu 1700 und in Spanien 2000 ha sein.

Falls jemand unter Ihnen, meine sehr verehrten Leserinnen und Leser, die Absicht hätte, nach der Lektüre meiner Ausführungen selbst einen Trüffelgarten anzulegen, gebe ich für die weitere Verfahrensweise noch einige nützliche Tipps:

Der Boden des Trüffelgartens sollte gut durchlüftet sein – alkalisch, pH-Wert zwischen 7,0 und 8,5 – und wenig Stickstoff enthalten. Optimal sind Lössböden; geeignet sind aber auch leichte sandige Böden und Kalksteinböden. Ungeeignet sind landwirtschaftliche Nutzflächen mit hohem Nährstoffgehalt.

Die Durchschnittstemperatur am Standort sollte im Sommer zwischen 17 und 35 °C, im Winter zwischen −5 und 8,0 °C liegen. Die Niederschlagsmenge sollte zwischen 300 und 1500 mm betragen; optimal sind 600 bis 900 mm im Jahr. Den meisten Niederschlag wünscht man sich als Trüffelbauer im Frühling und im Spätsommer, besonders in August. Wenn länger als drei Wochen kein Niederschlag fällt, muss die Anlage bewässert werden (Abb. 5.7).

Abb. 5.7 Trüffelgarten in Frankreich. Unter der Erde schlummert das schwarze Gold

Die Sämlinge werden im Oktober und November oder im März gepflanzt. Die optimale Pflanzdichte beträgt, bei einem Pflanzabstand von drei mal drei Metern, 1000 bis 1200 Exemplare je Hektar. Die Sämlinge müssen mit dem ganzen Erdballen in den Pflanzlöchern versenkt werden. Wichtig ist die regelmäßige Bewässerung der Anlage in der Anfangszeit.

Zwecks Bodenauflockerung und Entfernung von Unkraut sollte man im vierten und sechsten Monat nach der Pflanzung das Gelände drei bis fünf Zentimeter tief fräsen und später diese Maßnahme alle sechs Monate wiederholen. Sinnvoll ist es, das Gelände einmal jährlich zu düngen und dazu eine Mischung aus pflanzlichen und tierischen Produkten zu verwenden. Äußerst ratsam ist die Umzäunung des Trüffelgartens, um die Pflanzen vor Fraßschäden zu schützen und dem Diebstahl von Bäumen und Pilzen vorzubeugen.

Trüffel sucht man heute nicht mehr mit Schweinen, sondern mit angelernten Hunden. Bei der Sommertrüffel kann man die Suche schon vier Jahre nach der Auspflanzung starten und dann im Optimalfall 300 bis 400 g Fruchtkörper je Pflanze finden. Die Périgord-Trüffel wird im Winter gesucht, aber erst ab dem fünften Jahr nach der Auspflanzung der Sämlinge. Périgord-Trüffel bringt dann jährlich 150 bis zu 500 g Fruchtkörper pro Pflanze (Abb. 5.8).

Abb. 5.8   Eine Kollektion der Großsporigen Trüffel *(Tuber macrosporum)*

6

Pilze als Problemlöser

6.1 Verseuchte und verstrahlte Pilze

Bei Publikumsvorträgen ist mir regelmäßig die Frage begegnet, wie es um den Schwermetallgehalt der Pilze steht. Wie gefährlich sind sie, und sind auch Kulturpilze von Schwermetallen kontaminiert? Ja, es gibt das Problem der Schwermetalle in Pilzen. Entsprechend oft und eindringlich wird davor auch gewarnt. Aber lassen Sie mich zunächst klären, was Schwermetalle sind und für welche diese Warnungen gelten.

Erstaunlich ist zunächst das Ergebnis einer Recherche, wonach es für Schwermetalle gar keine verbindliche Definition gibt, sondern mindestens 38 verschiedene. Dabei werden die unterschiedlichsten Charaktereigenschaften herangezogen: Dichte, Atomgewicht, Ordnungszahl im

© Springer-Verlag GmbH Deutschland 2018
J. I. Lelley, *No fungi no future*,
https://doi.org/10.1007/978-3-662-56507-0_6

Periodensystem der Elemente, chemische Eigenschaften bis hin zu Toxizität. Dementsprechend werden echte Schwermetalle wie Kupfer, Silber und Gold ebenso unter dem Begriff subsumiert wie Cadmium oder Arsen, obwohl Letzteres nur ein Halbmetall ist.

Schwermetalle bilden einen festen Bestandteil der Erdkruste; ihr Vorkommen ist also primär eine geologische Gegebenheit. Durch Verwitterung und Erosion gelangen sie in die Böden und das Grundwasser. Hinzukommt der Einfluss, der vom Bergbau, von der industriellen Produktion, von Autoabgasen und anderen sogenannten *man made*-Aktivitäten herrührt, deren Produkte sich nur schwer abbauen und Jahrhunderte überdauern. Im Sauerland sind einige Böden stark mit Blei kontaminiert. Diese Rückstände stammen noch aus der Römerzeit und sind Relikte des damaligen Bleiabbaus.

Schwermetalle sind für Pflanzen, Menschen und Tiere zum Teil existenziell wichtig, zum Teil sind sie toxisch, und manche, wie z. B. Zink und Kupfer, sind beides. In geringen Mengen sind sie unentbehrlich, in größeren Dosen können sie zur Vergiftung führen. Als ausschließlich toxisch gelten Blei, Cadmium und Quecksilber. Sie können schon in geringen Mengen krankmachen, und ausgerechnet diese werden auch in Pilzen gefunden. Wenn z. B. Cadmium in den Verdauungstrakt gelangt, löst es Übelkeit, Erbrechen und Durchfall aus. Eine chronische Belastung ruft Nierenschäden hervor und kann das Skelettsystem schädigen. Blei schädigt das zentrale und periphere Nervensystem; ferner müssen Nierenschäden sowie Magen- und Darmbeschwerden befürchtet werden. Eine akute Bleivergiftung geht mit Kopfschmerzen, Übelkeit und Schwindel einher. Und wenn durch die Nahrung über eine längere Zeit auch nur geringe Mengen Quecksilber aufgenommen werden, kann sich eine chronische Vergiftung entwickeln. Die ist besonders bei Schwangeren sehr bedenklich, da auch der Fötus geschädigt werden kann.

Neben zahlreichen Berichten in den Medien hat sich auch das Bundesamt für Verbraucherschutz und Lebensmittelsicherheit dieses Themas angenommen. In einer Veröffentlichung vom 30.09.2016 schreibt das Amt:

> Waldpilze wie Steinpilze (*Boletus edulis*), Pfifferlinge (*Cantharellus cibarius*) und Morcheln (*Morchella spp.*) filtern natürlicherweise vermehrt Schwermetalle, insbesondere Quecksilber, aus dem Erdboden heraus.

Bei Untersuchungen von frischen und konservierten Waldpilzen lag der Bleigehalt bei mehr als der Hälfte von 164 Proben über der zulässigen Höchstmenge von 0,01 mg/kg. Die gemessenen Werte überschritten diese Grenze, je nach Pilzart, um das 10- bis 20-Fache. Hinsichtlich Quecksilber wurde der höchste Gehalt in einem getrockneten, pulverisierten Steinpilz ermittelt; er lag um das 47-Fache über dem Grenzwert.

Das andere kritische Schwermetall ist Cadmium, das in Wildpilzen verstärkt nachgewiesen wurde. In einem Merkblatt des Landesverbandes der Pilzsachverständigen in Sachsen-Anhalt vom Sommer 2014 ist der Schwermetallgehalt zahlreicher Wildpilze angegeben. Den höchsten Cadmiumgehalt, das 60-Fache der zulässigen Höchstmenge von 0,1 mg/kg, fand man im Wiesenchampignon (*Agaricus campestris)*, während Rotkappen *(Leccinum spp.)*

und Pfifferlinge unterhalb dieser Grenze blieben. Unter Berücksichtigung dieser und vieler anderer Messergebnisse über den Schwermetallgehalt empfiehlt die Deutsche Gesellschaft für Ernährung, den Konsum von Wildpilzen auf nicht mehr als 250 g pro Woche zu beschränken.

Schwermetalle im Nährboden von Pilzen greifen entscheidend in deren Stoffwechsel ein, besonders in die Enzymaktivität. Schwermetalle beeinflussen, wenn auch in unterschiedlicher Richtung, die lignolytische und cellulolytische Aktivität von Pilzen. Während Kupfer die Laccase-Aktivität fördert, hemmt es bei steigender Konzentration die Mangan-Peroxidase-Aktivität. Bei Quecksilber stellte man eine Hemmung der Laccase-Aktivität fest, aber zugleich eine leichte Förderung der Mangan-Peroxidase-Aktivität. Beim Austernpilz *(Pleurotus sajor-caju)* hingegen, der unter dem Einfluss der Schwermetalle Cadmium, Kupfer und Quecksilber kultiviert wurde, hat man nach Steigerung der Metallkonzentration schließlich auch eine Hemmung der Mangan-Peroxidase-Aktivität beobachtet.

An dieser Stelle möchte ich erwähnen, dass die Warnungen vor Schwermetall-Kontaminationen für kultivierte Speisepilze – also für solche, die im Handel ganzjährig erhältlich sind – ausdrücklich nicht gelten. Kultivierte Speisepilze sind weitgehend unbelastet von Schwermetallen und auch von Radioaktivität.

Einige Wildpilzarten sind selbst mehr als 30 Jahre nach dem Reaktorunfall in Tschernobyl noch durch das Radionuklid Cäsium-127 (Cs-137) belastet. Messungen durch das Bundesamt für Strahlenschutz im Jahr 2015 haben beim Trompetenpfifferling *(Craterellus tubaeformis)*, beim Mohrenkopfmilchling *(Lactarius lignyotus)*, beim

Braunscheibigen und Orangefalben Schneckling *(Hydrophorus discoideus* und *H. unicolor)* sowie beim Semmelstoppelpilz *(Hydnum repandum)* noch erhöhte Werte gezeigt. Und es handelt sich dabei, mit Ausnahme des Semmelstoppelpilzes, um gute Speisepilze. Zugleich waren andere allgemein geschätzte Arten wie der Wiesenchampignon, die Krause Glucke *(Sparassis crispa),* der Anisegerling *(Agaricus silvicola)* und der Riesenchampignon (*Agaricus augustus)* praktisch frei von radioaktiver Belastung, lagen doch die Werte unter 5 Bq/kg Cs-137 bei einer zulässigen Höchstbelastung von 600 Bq/kg Cs-137 für im Handel angebotene Lebensmittel.

Nun sind Ihnen, meine verehrten Leserinnen und Leser, die von mir bisher vorgestellten Fakten, insbesondere über die Schwermetalle in Wildpilzen, vermutlich nicht ganz neu. Diese Fakten gereichen leider auch nicht gerade zum Vorteil der Wildpilze. Aber die Tatsache, dass Pilze Schwermetalle anreichern, ermöglicht die Lösung eines extremen Problems. Denn diese Fähigkeit kann genutzt werden, um kontaminierte Böden zu reinigen, um ihnen toxische Metalle zu entziehen. Und die aus dieser Fähigkeit resultierenden Möglichkeiten werden inzwischen wissenschaftlich erforscht und auch erprobt.

In wissenschaftlichen Studien sind zahlreiche Pilzarten auf ihre Fähigkeit untersucht worden, Schwermetalle aufzunehmen und zu speichern. Einen Eindruck vermittelt Tab. 6.1, in der ich die Ergebnisse, bezogen auf die kritischen Metalle Blei, Cadmium und Quecksilber, sowie Kupfer und Zink, von mehreren einschlägigen Studien zusammengestellt habe. Von den Pilzarten mit beachtlichem Aufnahme- und Speicherungsvermögen sind für

222   J. I. Lelley

Tab. 6.1 Konzentration von Blei (Pb), Cadmium (Cd), Kupfer (Cu), Quecksilber (Hg) und Zink (Zn) im Fruchtkörper verschiedener Wildpilzarten. (Nach Damodaran, D. et al. 2011; Damodaran, D. et al. 2014)

Pilzarten	Metallkonzentration, mg/kg Trockengewicht
Anischampignon (Agaricus arvensis)	Cd (117)
Maronenröhrling (Boletus badius)	Cu (44,5), Pb (4,5), Cd (0,9), Zn (34,2)
Steinpilze (Boletus edulis)	Pb (3,0), Cd (6,6), Hg (32,4), Cu (66,4)
Kahler Krempling (Paxillus involutus)	Cu (57), Pb (1,6), Cd (0,8)
Pfifferling (Cantharellus cibarius)	Cd (0,04), Pb (0,06)
Gemeiner Erdritterling (Tricholoma terreum)	Pb (4), Cd (1,6), Cu (35,8), Zn (48,0)
Safranschirmling (Lepiota rachodes)	Pb (66), Cd (3,7)
Riesenschirmpilz (Macrolepiota procera)	Pb (53,8)
Blaublättriger Weißtäubling (Russula delica)	Cd (0,4), Cu (52,2), Pb (0,8), Zn (58,2)
Gifthäubling (Galerina spp.)	Cd (850), Pb (900), Cu (800), Zn (700)

eine praktische Verwendung nur jene geeignet, die man ohne großen Aufwand kultivieren kann. Und damit sind wir erneut bei alten Bekannten angelangt: bei den Austernpilzen *(Pleurotus spp.)*. Austernpilze scheinen geeignete Biosorbenzien zu sein. Sie reichern Schwermetalle in ihrem Myzel und Fruchtkörper gleichermaßen an.

Allerdings ist das Aufnahme- und Anreicherungsvermögen von mehreren Faktoren abhängig. Zunächst kommt es darauf an, um welches Metall es sich handelt. Dann ist der Säuregrad des Milieus, also der pH-Wert, eine wichtige Einflussgröße. Optimale Temperatur und Feuchtigkeit sind ebenfalls entscheidend, da sie besonderen Einfluss auf das Pilzwachstum haben. Schließlich beeinflusst die Konzentration der Metalle die Aufnahmefähigkeit der Pilze. Hohe Dosen sind selbst für Pilze giftig, hemmen ihr Wachstum und dadurch ihre Aufnahme- und Speicherleistung. Es hat sich auch bei mehreren Austernpilzarten gezeigt, dass eine Bleikonzentration von 100 mg, bezogen auf ein Kilogramm des Substrates, das Myzelwachstum hemmt. Hinzukommt, dass Pilze auch noch wählerisch sind. So zeigten die Austernpilze *Pleurotus ostreatus* und *P. sapidus* mehr Affinität zu Kupfer und Zink als zu Cadmium und Blei. In einer anderen Studie zeigte *Pleurotus ostreatus* ein großes Aufnahmepotenzial in der Reihenfolge der Metalle Nickel, Kupfer, Chrom und Zink. Das Sorptionspotenzial von *Pleurotus floridianus* und *P. sajor-caju* zeigte die folgende Abstufung: Cadmium, Zink, Nickel, Blei, Kupfer – und am wenigsten wurde von diesen Austernpilzen Eisen aufgenommen. In Versuchen mit dem Seitling namens *Pleurotus tuber-regium* wurde sehr effektiv ein künstlich kontaminierter Boden von Blei, Zink, Kupfer und Mangan gereinigt. Mehr als 90 % der Metalle wurden dem Boden durch den Pilz entzogen.

Ein vielversprechender Bereich ist die Reinigung von Abwässern von Schwermetallrückständen mithilfe von Pilzen. Neben den allgemein bekannten Verfahren, wie chemische Ausfällung, Inonenaustauschverfahren, Membranfiltration oder Reinigung mittels Aktivkohlefilter, hat die Biosorption, also der Einsatz von Pilzen, verschiedene Vorteile: Das Verfahren ist effizienter und preiswerter, und zudem werden keine Chemikalien benötigt. Man kann das Biosorbens regenerieren und erneut verwenden, und selbst das entsorgte Metall kann man wieder zurückgewinnen.

Zwei Wissenschaftler aus der Abteilung für Pharmazeutische Chemie der Universität Vellore in Indien haben eine tropische Austernpilzart *(Pleurotus eous)* als Biosorbens verwendet und damit Blei-, Chrom- und Nickelrückstände aus dem Abwasser eliminiert. Die Fruchtkörper des Pilzes haben sie getrocknet, gemahlen und in Wasser gegeben, das mit Bleinitrat, Chromtrioxid und Nickelchlorid kontaminiert war. Das verseuchte Wasser wurde mit dem Pilzpulver mehrere Stunden lang gerührt, und während dieser Zeit entnahmen die Forscher stündlich Proben des Biosorbens, um die Menge der inzwischen absorbierten Schwermetalle zu bestimmen. Das Ergebnis der indischen Forscher war im Hinblick auf die Entsorgung des giftigen Bleis beeindruckend: Abhängig von der Dosis des eingesetzten Pilzpulvers wurden dem Wasser bis zu 93,2 % des Kontaminanten entzogen. Bei Chrom und Nickel waren die Ergebnisse mit 27,6 % und 39,8 %. weniger spektakulär.

Chinesische Wissenschaftler der Sichuan-Universität haben 2015 einschlägige Versuche mit zwei Biosorbenzien publiziert: die getrockneten und gemahlenen Fruchtkörper des Kulturchampignons *(Agaricus bisporus)* und des Rillstieligen Seitlings *(Pleurotus cornucopiae)*. Sie ließen mit Schwermetall belastetes Wasser von oben durch Röhren rieseln, die mit den einzelnen Biosorbenzien gefüllt waren. Im nächsten Schritt verbanden sie beide Röhren so miteinander, dass das kontaminierte Abwasser nacheinander beide Biosorbenzien passieren musste. Durch diese Lösung erreichten sie ein für alle Kontaminanten gültiges, sensationelles Ergebnis: Sie wurden dem Abwasser zu 95,1 % entzogen.

In einem kürzlich erschienenen Review zweier indischer Wissenschaftler aus dem Fachbereich Biotechnologie der Internationalen Manav-Rachna-Universität in Delhi werden der sogenannten Mycoremediation, die man als Umweltsanierung mit Pilzen umschreiben kann, große Chancen eingeräumt. Es ist nicht verwunderlich, dass man sich ausgerechnet in übervölkerten Ländern wie Indien und China intensiv mit diesem Thema beschäftigt, ist doch gerade in deren Ballungsräumen die Reinhaltung von Böden und Gewässern ein allgegenwärtiges Problem. Für die Problemlösung scheinen, nach allem, was wir wissen, die Austernpilze und die Technologie der Biosorption mit Austernpilzen besonders geeignet zu sein. Austernpilze lassen sich verhältnismäßig leicht kultivieren, sie produzieren reichlich Biomasse in Form von Myzelium und Fruchtkörper, sie sind anspruchslos, und – was vielleicht am wichtigsten ist – alle bisherigen Untersuchungen zeigen, dass sie ihrer Umgebung sehr effektiv Schwermetalle entziehen und diese akkumulieren.

Auch die Tatsache, dass Pilze dem Boden Radionuklide entziehen und in ihrem Myzel und Fruchtkörper akkumulieren, werden in Überlegungen einbezogen, die eine Bodensanierung zum Ziel haben. Jedoch stehen diese Überlegungen, im Gegensatz zur Schwermetallproblematik, zurzeit noch am Anfang, im Versuchsstadium. Die Möglichkeiten der Dekontaminierung von belasteten Böden sollen jedenfalls auch aus dieser Sicht wissenschaftlich erforscht werden. Das Projekt wird vom Institut für Ressourcenökologie des in Dresden ansässigen Helmholtz-Zentrums koordiniert und vom Bundesministerium für Bildung und Forschung finanziell unterstützt. Eingebunden in dieses Projekt sind auch Wissenschaftler anderer

Forschungseinrichtungen. Man kann annehmen, dass eine derart geballte Kraft an Forschungspotenzial und Kompetenz hier weitere Nutzungsmöglichkeiten von Großpilzen erschließen wird.

Eine interessante Zielsetzung, welche die Forscher ins Auge gefasst haben, ist es, die im Boden befindlichen Radionuklide durch Pilzmyzel aufnehmen und sozusagen einlagern zu lassen. Ein derart „gereinigter" Boden ließe sich landwirtschaftlich nutzen, ohne dass man befürchten müsste, dass die angebauten Pflanzen radioaktiv belastet sind. Nach hinreichender Klärung aller wichtigen Aspekte des Forschungsprojektes im Laboratorium sollen Feldversuche in der Sperrzone des havarierten Atomreaktors in Tschernobyl durchgeführt werden, die die letzte Bestätigung für die Forschungsidee liefern sollen.

Übrigens – so las ich in einer Publikation des Bundesamtes für Strahlenschutz: Wenn man 200 g Pilze mit der radioaktiven Belastung von 3000 Bq/kg Cäsium-137 konsumiert – das entspricht der fünffachen Dosis, die für im Handel angebotene Lebensmittel zulässig ist –, wird man nur so viel durch Radioaktivität belastet wie während eines Fluges von Frankfurt nach Gran Canaria. Also, halb so schlimm!

6.2   Mit Pilzen gegen Teer, Öl, Pestizide und Co

Für die Existenz terrestrischen Lebens jeglicher Art ist ein intakter Boden eine entscheidende Voraussetzung. Neben seiner immensen Bedeutung als Produktionsfaktor für die Rohstoff- und Nahrungsmittelproduktion ist der Boden auch als Standort für menschliche Siedlungen und Produktionsstätten unersetzbar. Unser Boden ist aber vielerorts durch gefährliche, toxische Chemikalien kontaminiert und durch Siedlungsabfälle verseucht.

Die Verunreinigungen der Böden haben sich größtenteils in der Vergangenheit abgespielt, aber der Eintrag von Kontaminanten hält bis heute an. Von diesen sogenannten Altlasten und von dem laufenden Eintrag geht eine erhebliche Gefahr für das Grundwasser und für die Nahrungsmittelproduktion aus. Die Maßnahmen, die man ergreift, um diesem Prozess entgegenzuwirken und die Belastungen der Böden durch Schadstoffe zu eliminieren oder zumindest zu reduzieren, werden unter dem Begriff „Bodensanierung" subsumiert.

Es gibt mehrere Möglichkeiten, um verseuchten Boden zu sanieren. Ein weit verbreitetes und Expertenangaben zufolge preiswertes Verfahren ist die Entsorgung kontaminierten Bodens durch Abtragen und Deponieren. Die Deponien, die z. B. im Ruhrgebiet wie mächtige künstliche Hügel in der Landschaft stehen, müssen so präpariert sein, dass ein Kontakt mit dem kontaminierten Boden weder durch Mensch und Tier noch durch Wind und Wetter vorliegt. Man nennt diese Monumente der Wiedergutmachung menschlichen Fehlverhaltens „Landschaftsbauwerke".

Schadstoffe können auch mit Tensiden oder organischen Lösungsmitteln aus dem Boden ausgewaschen werden. Leicht flüchtige Substanzen werden eventuell durch Boden-Luft-Absaugung entfernt. Mit organischen Stoffen wie Ölen, Lösungsmitteln, krebserregenden PAKs (polyzyklische aromatische Kohlenstoffverbindungen) kontaminierte Böden werden bei 1100 °C verbrannt. Aber zunehmend zieht man auch mikrobiologische Sanierungsverfahren in Betracht, weil man aus ökonomischen und gesundheitspolitischen Gründen gerne energie- und materialsparenden Methoden den Vorzug gibt. Ein weiterer Vorteil biologischer Sanierungsverfahren besteht darin, dass sie zu einer tatsächlichen Eliminierung der Schadstoffe beitragen und nicht lediglich zu einer Umlagerung.

Die Erkenntnis, dass Bakterien Mineralöl abbauen können, hat der niederländische Forscher am Landbouwhogeschool te Wageningen, Professor Dr. Nicolaas Louis Söhngen, schon 1913 in einem wissenschaftlichen Artikel publiziert. Dabei hat er die aktiven Stämme aus Gartenerde gewonnen. Inzwischen kennt man eine große Anzahl von Bakterienstämmen, die Öl zersetzen, und die insbesondere in den Weltmeeren eine wichtige Rolle spielen, da die Meere aus natürlichen Quellen stetig von Mineralöl verseucht werden. Der Mechanismus, derer sich die Bakterien bedienen, ist verhältnismäßig einfach: Sie heften Sauerstoffatome an die Öltropfen und wandeln das Öl in Fettsäuren um. Die Fettsäuren dienen ihrerseits als Nahrung für die Bakterien. Auch in der Bodensanierung haben Bakterien eine wichtige Rolle erlangt.

Johann A. Bumpus und Steven D. Aust von der Michigan State University gelang es vor 30 Jahren zum ersten Mal, eine komplizierte Kohlenwasserstoffverbindung, das persistente DDT (Dichlordiphenyltrichlorethan), ein früher weltweit verbreitetes Insektizid, mithilfe eines Weißfäulepilzes, mit *Phanerochaeta chrysosporium*, zu neutralisieren. In einem stickstoffarmen Milieu baute der Pilz DDT rapide ab. Während des Prozesses entstanden polare

wasserlösliche Metaboliten wie DDD (Dichlordiphenyldi-
chlorethan, das ebenfalls als Insektizid verwendet wurde),
Dicofol (ein Kontaktgift gegen Spinnmilben; ansonsten
ist es nur mäßig gefährlich), DBP (Dibutylphthalat; eine
farblose ölige Flüssigkeit) und andere. DDD war der erste
Metabolit, der bereits drei Tage nach Prozessbeginn entstanden ist. Die Forscher kamen zu dem Schluss, dass der
Abbauweg ein völlig anderer ist als der von Bakterien. *P.
chrisosporium* wirkte auf originelle Weise, und es stellte
sich heraus, dass das Gleiche auch die Weißfäulepilze
Schmetterlingsporling *(Coriolus versicolor)* und ein Feuer-
schwamm namens *(Phellinus weirii)* leisten können. Und
zum guten Schluss – wie nicht anders zu erwarten – hat
auch der Austernpilz *(Pleurotus ostreatus)* DDT effektiv
mineralisiert.

Angeregt durch diese Forschungsergebnisse, aber auch
in Kenntnis eines großen Bedarfs an der Eliminierung
von persistenten giftigen organischen Verbindungen in
den Böden, haben sich in den vergangenen 30 Jahren
viele Forschergruppen und auch Industrieunternehmen
der Bodensanierung mit Weißfäulepilzen angenommen.
Allerdings gibt es, im Vergleich zum Kenntnisstand über
die bakterielle Bodensanierung, zu den Aktivitäten der
Weißfäulepilze noch einiges an Klärungsbedarf. Was wir
wissen, ist, dass ihre Exoenzyme, vorwiegend Laccase, die
Lignin zersetzen, auch andere komplexe organische Mak-
romoleküle spalten können: etwa Öl, Teer, verschiedene
Farbstoffe, aber auch Sprengstoffe wie TNT sowie poly-
halogenierte Derivate von Dibensodioxin, kurz Dioxin
genannt, und ähnliche Verbindungen. Am Ende des
Abbauprozesses steht oft nur CO_2 und Wasser. Zum Teil

werden die Stoffe auf weniger kritische organische Verbindungen reduziert, die dann durch Bakterien weiter zerlegt werden können.

Um den enzymatischen Abbau von Schadstoffen im Boden erfolgreich durchführen zu können, ist es von entscheidender Bedeutung, das Pilzmyzel mit dem kontaminierten Boden gleichmäßig zu vermischen, damit die aus den Pilzfäden austretenden Enzyme mit den Kontaminanten in Berührung kommen. Weißfäulepilze leben nicht im Boden; ihre Fäden, das Myzel, kann nur kleine Abstände zu Bodenpartikeln überwinden. Deshalb wird es auf geeigneten Substraten, z. B. Getreidestroh oder Holzspänen, kultiviert. Diese Substrate gewährleisten, dass das Pilzmyzel für eine längere Zeit (einige Wochen) existieren kann und, während es das Substrat allmählich verzehrt, auch die in der unmittelbaren Umgebung vorhandenen Kontaminanten konsumiert werden. Wie das praktisch gehandhabt wird und zu welchem Ergebnis man dabei gelangt, möchte ich Ihnen, meine sehr verehrten Leserinnen und Leser, anhand von einigen Beispielen erläutern.

Ein gutes Beispiel ist eine Methode, die von dem Unternehmen Preussag Noell Wassertechnik GmbH (heute PSE Engineering GmbH) zum europäischen Patent angemeldet wurde. Eine der Erfinderinnen ist meine ehemalige Mitarbeiterin Dr. Ursula Schies, die sich seinerzeit in unserem Institut auf die Präparierung des Substrates des Austernpilzes spezialisiert hatte.

Thema der Patentanmeldung ist ein Verfahren zur Dekontaminierung von mit Xenobiotika (fremde chemische Verbindungen in natürlichen Ökosystemen) belasteten Böden, Schlämmen und anderer Feststoffe. Kontaminanten, die mithilfe des Verfahrens eliminiert werden sollten, waren

Dieselöl, Schmieröle, Kerosin, Paraffine und andere sogenannte polyzyklische Kohlenwasserstoffe. Die Erfinder verwendeten Austernpilze für die Bodensanierung. Da jedoch
Austernpilze – wie wir schon wissen – im nackten Boden
nicht leben, mussten sie zuerst auf einem geeigneten Substrat vorkultiviert werden. Als solches diente fein zerkleinertes, durch Hochdruck erhitztes und dadurch sterilisiertes
Weizenstroh, welches dann mit dem kontaminierten Boden
vermischt wurde. Auf eine Tonne Erdreich wurden 150 kg
myzeldurchwachsenes Substrat kalkuliert. So haben die
Erfinder zwei wichtige Voraussetzungen für eine erfolgreiche
Sanierung sichergestellt: die längerfristige Lebensgrundlage
für den Austernpilz und den intensiven Kontakt mit den
Schadstoffen im Boden.

Die Zusammenführung der Komponenten erfolgte auf
Förderbändern mit darüber angeordneten Fräsvorrich-
tungen, die der Auflockerung des Pilzsubstrates und des
Bodens dienten. Aus der Substrat-Boden-Mischung hat
man Vorratsgruben, sogenannte Mieten, geformt, deren
Unterseite abgedichtet wurde, um einer möglichen Auswa-
schung der Kontaminanten ins Grundwasser vorzubeugen.
Eine wichtige Maßnahme bestand darin, die Mieten von
Zeit zu Zeit zu belüften, sind doch Austernpilze sauerstoff-
bedürftige Organismen, auch wenn der Sauerstoffbedarf in
der Phase der Myzelbildung sehr gering ist. Die Erhaltung
einer konstanten Feuchtigkeit des Mietenmaterials halten
die Erfinder ebenfalls für eine wichtige Voraussetzung der
erfolgreichen Bodendekontamination. Andererseits war es
auch wichtig, die Mieten vor unkontrollierter Bewässerung durch Regen zu schützen. Die Lösung war ein Foli-
enzelt, das sie über die Mieten spannten.

Das Unternehmen erhielt darüber hinaus auch von der Freien und Hansastadt Hamburg einen Auftrag, den Boden eines Grundstücks mit dem genannten Verfahren biologisch zu sanieren. Auf dem Grundstück stand lange Zeit ein teerverarbeitendes Unternehmen. Es handelte sich um rund 6000 m³ verseuchtes Erdreich. In Vorversuchen mit vergleichbar belasteten Bodenproben und bei Verwendung des Austernpilzes als Bioremidiator hat man einen Abbau der PAKs von ursprünglich 1800 mg/kg auf 12,8 mg/kg Boden-Trockensubstanz erreicht. In einem anderen Boden mit 90 % sehr feinkörnigem Anteil sank der Wert in zwölf Wochen von 8000 mg/kg Boden-Trockensubstanz auf fast 900 mg/kg. Das Sanierungsprojekt schloss man mit einer Restmenge von durchschnittlich 30 mg PAKs je Kilogramm Boden-Trockensubstanz ab.

Um unter den vielen möglichen ein weiteres Beispiel der erfolgreichen Bodensanierung mit Austernpilzen vorzustellen, begeben wir uns in die USA, in die Ortschaft Orleans, in Humboldt County, im Nordwesten Kaliforniens. Hinter dem dortigen Gemeindehaus namens Panamnik Building wurde viele Jahre lang ein mit Dieselöl betriebenes Notstromaggregat benutzt. Aus dem Aggregat lief Motoröl aus und aus einem unterirdischen Tank entwich Dieselöl in das umgebende Erdreich. Der Standort des Notstromaggregats befand sich ca. 50 m vom naturbelassenen Klamath River entfernt. Der Boden des Standortes besteht aus durchlässigem sandigem Lehm. Eine Verseuchung des Flusses war zu befürchten in einem Gebiet mit zahlreichen Naturparks, die über 40 % des geschützten Bestandes der Küstenmammutbäume *(Sequoia sempervirens)* der USA beherbergen. Eine örtliche Organisation, die sich den Schutz des bedrohten Flusses zur

Aufgabe machte, beauftragte das Team des Landschafts-
betriebes Fungaia Farm in Eureka mit der biologischen
Sanierung des kontaminierten Bodens. Es handelte sich
um ein Areal von rund 40 × 60 m.

Die Fungaia Farm ist auf die Produktion von Pilzsub-
strat, Pilzbrut sowie auf Beratung und Betreuung von
Freizeitpilzanbauern spezialisiert und sehr erfahren mit
diversen holzbewohnenden Weißfäulepilzen. Auch in diesem Projekt wurden Austernpilze als Bioremidiator verwendet. Das Myzel des Pilzes wurde auf Rollen aus Jutta
kultiviert. Dabei wurden die voll besiedelten Juttarollen
ausgerollt und abwechselnd mit einer Schicht Reisstroh
und kontaminierter Erde zu Mieten von 6 × 1,8 × 1,5 m
aufgeschichtet. Die Mieten wurden nach unten durch
Folien abgedichtet und vor Nässe und Hitze durch Abde-
ckung geschützt. Dieses statische Langzeitverfahren, bei
dem man auf Maschineneinsatz verzichtete und welches
im Herbst 2011 begann und im Juni 2014 zu Ende ging,
erbrachte bemerkenswerte Ergebnisse. Die Dieselölkon-
zentration betrug anfangs 250 mg/kg Boden, der Motor-
ölgehalt sogar 6200 mg/kg. Chemische Analysen des
Bodens am Schluss erbrachten Werte von nur noch 49 mg
Dieselöl und 47 mg Motoröl je Kilogramm Erdreich. Die
Auftraggeber waren voll zufrieden; die Ergebnisse überschritten ihre Erwartungen und waren sogar noch besser
als die behördlich vorgegebenen Zielgrößen.

Zum Abschluss meiner Ausführungen, wie man mit
Weißfäulepilzen und in der Praxis hauptsächlich mit Austernpilzen schädliche Kohlenwasserstoffverbindungen eliminieren kann, möchte ich noch von einem besonders
originellen Verfahren erzählen, das von Professor Aloys
Hüttermann von der Universität in Göttingen zum Patent

angemeldet wurde. Dieser hat damit bewiesen, dass man mit Weißfäulepilzen nicht nur kontaminierte Böden, sondern sehr effektiv auch schadstoffbelastete Luft reinigen kann.

Hüttermann hat mit seiner Arbeitsgruppe sauerstoffhaltige Gase, insbesondere halogenierte Kohlenwasserstoffe, aromatische Verbindungen und polymerisierbare Verbindungen wie Styrol aus der Luft mithilfe von Austernpilz-Substrat ausgefiltert. Man muss wissen, dass Styrol ein ungesättigter aromatischer Kohlenwasserstoff ist. Es ist entzündlich und gesundheitsschädlich, aber auch ein wichtiger Grundstoff für die Kunststoffherstellung, und es wird alljährlich weltweit in vielen Millionen Tonnen erzeugt.

Die Forscher haben ein zwei Meter langes Glasrohr von fünf Zentimetern Durchmesser mit vom Austernpilzmyzel besiedelten, fein zerkleinertem Stroh gefüllt. Danach leiteten sie mehrere Tage lang von Styrol kontaminierte Luft durch das Rohr. Die Durchflussrate betrug 1–1,5 l/min, die Luftfeuchtigkeit 98 % und die Temperatur 24 °C. Beim Eintritt in das Substrat betrug die Styrol-Konzentration der Luft 1244 mg/m^3; beim Austritt nur noch 0,15 mg/m^3. Der Reinigungseffekt erreichte damit 99,94 %!

6.3 Pilze als Nahrung für Marsbewohner

Neulich saß ich mit meinem alten Freund Kurt Rössler zusammen. Wir diskutierten über seine für das kommende Frühjahr geplante Veranstaltung, das 22. Bad-Honnefer Winterseminar zum Thema „Weltraumexploration – Weltraumkolonisation". Kurt Rössler ist Astrochemiker, lehrte an der Westfälischen Wilhelms-Universität in Münster und veranstaltet jedes Jahr Winterseminare im Bad-Honnefer Physikzentrum der Universität Bonn. Diese Winterseminare genießen in der deutschen Astroszene Kultstatus. Die Besucher sind interessierte Laien, Amateurastronomen, aber auch Top-Wissenschaftler. Die meisten der Referenten stammen aus der Weltraumforschung oder der Astrobiologie, sodass die Seminare immer einen starken Weltraumbezug haben.

Bei unserem Gespräch hat mich Kurt Rössler gefragt, ob ich auf dem kommenden Winterseminar einen Vortrag zum Thema „Kulturpilze für Weltraum stationen" halten könnte. Der Vortrag sollte sich damit beschäftigen, ob und, wenn ja, wie Großpilze von Astronauten auf ihrem langen Weg zum Mars und später selbst auf dem Roten Planeten kultiviert und zur Ernährung verwendet werden könnten. Der erste bemannte Marsflug scheint nur noch eine Frage der Zeit zu sein. Deshalb machen sich Wissenschaftler verschiedener Disziplinen Gedanken über die Frage der langfristigen Ernährung und Versorgung der ersten Marsbewohner, insbesondere darüber, wie man dort das Leben autark gestalten könnte. In Kenntnis dessen, was Großpilze können, und worüber ich Ihnen bisher berichtet habe, bin ich fest davon überzeugt, dass Pilze selbst im Weltall und später auf dem Mars eine bedeutende Rolle spielen werden. Die Anfrage von Kurt Rössler motivierte mich dazu, einige der zu diesem Thema vorhandenen Informationen zusammenzustellen und zum Abschluss dieses Buches mit Ihnen, meine sehr verehrten Leserinnen und Leser, zu teilen.

Das wohl extremste Problem, bei dessen Lösung Groß-pilze einen wichtigen Beitrag leisten können (und auch werden), ist die Ernährung von Astronauten im Raum-schiff und auf dem Mars, der demnächst von Menschen besucht werden wird. Das Thema beschäftigt Wissen-schaftler weltweit, und um hierzulande diese Forschungen zu bündeln und eine Plattform für den wissenschaftlichen Austausch zu schaffen, wurde 2016 die Deutsche Astro-biologische Gesellschaft gegründet, deren Mitglieder sich bemühen, unter anderen Fragen auch die der Ernährung der Astronauten zu klären.

Es dürfte Konsens darüber bestehen, dass man den Marsreisenden nicht so viel Vorräte auf den Weg geben kann, die ausreichen, um sich auf dem Hin- und Rück-flug sowie während des Aufenthaltes auf dem Roten Pla-neten zu ernähren. Unter Einsatz der heute bekannten Technik, dürfte der Flug hin und zurück insgesamt 30 bis 32 Monate dauern. 6–7 Monate hin, ebenso lange zurück und 18 Monate vor Ort, bis sich erneut die günstigste Mars-Erde-Konstellation eingestellt hat.

Der holländische Wissenschaftler Professor Dr. Harry Wichers von der renommierten Universität in Wageningen geht davon aus, dass ein Erwachsener täglich zwei Kilo-gramm und so im Jahr etwa das Zehnfache seines Körper-gewichts an Nahrung verzehrt. Bei sechs Mann Besatzung des Raumschiffes wären das 12 kg täglich. Und bei einer Reisedauer von insgesamt 30–32 Monaten wären das mehr als 11 t Proviant. Es ist unrealistisch, diese Menge an Nah-rung mitzunehmen. Hinzukommt, dass der Großteil der Lebensmittelvorräte in Form von Fertiggerichten zur Verfü-gung stünde, die z. B. in der Lockheed-Martin-Forschungs-küche im Johnson Space Centre in Houston hergestellt und für eine lange Haltbarkeit gefriergetrocknet werden. Allerdings bleiben selbst Pizzen, die dort in verschiedenen Versionen, jedoch ausschließlich vegetarisch hergestellt und zum Teil reichlich mit Champignons belegt werden, nach Auskunft von Michele Perchonok, Advanced Food Technology Project Managerin der NASA, maximal zwei Jahre genießbar. Die Erzeugung von Lebensmitteln auf dem Mars und womöglich auch schon unterwegs scheint deshalb alternativlos zu sein. Dies trifft ganz besonders für den Fall zu, der inzwischen ernsthaft erwogen wird: die Reise zum Mars ohne Rückkehr. Und dann kann es gar keine Diskussion darüber geben, dass Lebensmittel vor Ort erzeugt werden müssen. Und dies können im Grunde nur Pflanzen und Pilze sein.

Übrigens scheinen Pilze als Kultivierungsobjekt im Weltall auch deshalb besonders geeignet zu sein, weil sie im Allgemeinen kaum Probleme mit Schwerelosigkeit und kosmischer Strahlung haben. Darauf deuten jedenfalls überraschende Entdeckungen in Raumkapseln hin. Als US-Astronauten 1998 die russische Weltraumstation MIR besuchten, um Oberflächenproben zu nehmen und im sogenannten Kvant-2-Segment die Verkleidung einer selten benutzten Konsole abmontierten, schlug ihnen eine ekelerregende fußballgroße Blase aus Schmutzwasser entgegen. Und diese Wasserblase war nur eine von mehreren hinter verschiedenen Verkleidungen. Zurück auf der Erde ergab die Untersuchung des Wassers eine Population von Bakterien, Pilzen und sogar Pantoffeltierchen und Milben. Sie alle fühlten sich in der Schwerlosigkeit und im Durchschnitt bei 28 °C pudelwohl und vermehrten sich rege. Europäische Forscher haben kleine Pilze namens *Cryomyces antarticus* und *C. minteri* gefunden, die in der Antarktis in extremer Kälte wuchsen. Sie schickten diese zur internationalen Raumstation, wo sie auf der Außenplattform unter marsähnlichen Verhältnissen gehalten wurden. Nach 18 Monaten waren noch über 60 % der Pilzzellen lebensfähig und verfügten über eine funktionierende DNA.

Dr. Ioannis Kokkinidis, Absolvent der Agrarwissenschaftlichen Universität in Athen und Promovend der Virginia State University, beschreibt in einem Aufsatz detailliert die Möglichkeiten der Kultivierung von Nahrungspflanzen in Gewächshäusern auf dem Mars, wie es auch von der NASA vorgesehen und von dem Marsianer Mark Watney, dem Romanhelden von Andy Weir, praktiziert wurde. Durch den biologischen Abbau der pflanzlichen Reste kann anschließend ebenfalls Nahrung erzeugt werden; dafür schlägt Kokkinidis die Kultivierung von Austernpilzen vor, da sie anspruchslos sind und schnell wachsen (Abb. 6.1).

Genauso sah es auch Professor Wichers in Wageningen – und das schon vor mehr als 15 Jahren. Geht man davon aus, dass die Astronauten einer Marsmission etwa 30 Monate von der Erde getrennt leben werden, wird ihnen gar nichts anderes übrig bleiben, als auf dem Mars in Gewächshäusern Nahrungspflanzen zu kultivieren. Und aus den Rückständen und Reststoffen der Pflanzen werden sie mithilfe reststoffverwertender Pilze, vermutlich hauptsächlich mit Austernpilzen, zusätzliche Nahrung produzieren.

Die Holländer haben ebenfalls ein Produkt getestet, das aus Pflanzenresten und fermentierten menschlichen Fäkalien bestand, das wie dunkelbraune Paste aussah und das sie scherzhaft „Melissa Cake" nannten. Es sollte als Substrat für Weißfäulepilze dienen. Fakt ist nämlich, dass

Abb. 6.1 Austernpilze. Entstanden nur aus reinem Weizenstroh, Wasser und einer Starterkultur. Ein beeindruckendes Beispiel der Metamorphose der Materie

auch die Entsorgung der menschlichen Ausscheidungen während einer Mission eine erhebliche Herausforderung bedeutet. Eine sinnvolle Lösung könnte darin bestehen, die Fäkalien in Form eines Substratbestandteils für Pflanzen und Pilze zu recyceln. Wichers und seine Arbeitsgruppe führten die ersten Experimente mit dem Shii-take *(Lentinula edodes)* durch, wechselten aber bald zum Austernpilz, da dieser, wie die Forscher berichten, sechsmal schneller wuchs. Dabei kam es ihnen gar nicht darauf an, Fruchtkörper des Pilzes zu erzeugen, sondern vielmehr fanden sie es wichtig, dass die „Melissa Cakes" dicht von Pilzmyzel besiedelt und abgebaut wurden.

Und so kann ich dem jungen amerikanischen Naturforscher Tristan Wang nur beipflichten, der 2015 in einem Beitrag in der Harvard Science Review schrieb: „Die vielleicht bekannteste Nutzung von Pilzen im Weltraum ist die von Speisepilzen." Er hat recht. Sind doch zahlreiche Wachstumsversuche, z. B. schon 1993 in der Spacelab-D-2-Mission, mit Speisepilzen durchgeführt worden. Wang geht weiter auf die biotechnologischen und ernährungsphysiologischen Vorteile des Austernpilzes ein und führt aus: *„All these factors make oyster mushroom one of the most cultivated edible mushroom, and a good candidate for use in space."* Also Austernpilzanbau im Orbit. Eine wahrlich extreme Herausforderung!

Schlusswort

Obwohl ich mich mit ihnen mehr als 45 Jahre lang beschäftigt habe, sie kultiviere, zubereitete, über sie Aufsätze schrieb und Vorträge hielt, ist mir die Bedeutung der Austernpilze erst während meiner Recherchen für dieses Buch in ihrer vollen Bandbreite bewusst geworden. Austernpilze sind einfach Superpilze! Keine andere Art ist so vielseitig für menschliche Bedürfnisse verwendbar, keine andere Pilzgruppe kann auf so unterschiedlichen Gebieten nützlich sein. Und es ist schon beeindruckend, wenn man vor einem Sack Stroh steht und sieht, wie aus ihm Trauben von Austernpilzen sprießen. Es ist gleichsam eine Metamorphose der Materie, wie aus dem ungenießbaren, bestenfalls als Brenn- oder Isoliermaterial geeigneten Agrarrückstand nach Zugabe von Wasser und minimalen Mengen von Pilzbrut binnen weniger Wochen eine

© Springer-Verlag GmbH Deutschland 2018
J.I. Lelley, *No fungi no future*,
https://doi.org/10.1007/978-3-662-56507-0

schmackhafte, gesunde Nahrung entsteht. Man rühmt sich hierzulande damit, dass gutes deutsches Bier nur aus Wasser, Hopfen und Malz besteht – Austernpilze entstehen nur aus Wasser, Stroh und Pilzbrut.

Austern- und einige andere Großpilze bilden eine Nahrungsquelle ersten Ranges und leben dabei alle zusammen nur an organischen Reststoffen, Abfällen und bauen zugleich das ab, was die Pflanzen produziert haben, um so den Kreislauf der Materie in der Natur zu schließen. Dann gibt es noch die Gruppe der Mykorrhizapilze, ohne deren Unterstützung die Bäume es nur schwerlich geschafft hätten zu überleben, und auch die Pflanzen hätten es wohl kaum geschafft, in vorgeschichtlicher Zeit auf dem Land Fuß zu fassen.

Ich hoffe, meine sehr verehrten Leserinnen und Leser, dass Sie jetzt nicht enttäuscht sind, weil Sie mein Buch wegen seines verheißungsvollen Titels gekauft und gelesen haben. Nein, natürlich hoffe ich das Gegenteil! Nämlich, dass Sie mir spätestens jetzt zustimmen, dass Großpilze mit zu den nützlichsten Organismen auf unserem Planeten gehören.

Verwendete Literatur

Einführung

Blackwell M (2011) *The Fungi: 1, 2, 3, …5,1 million species?* Biodiversity Special Issue, American Journal of Botany, 98. pp. 426–438

Butterfield NJ (2005) *Probable proterozoic fungi.* Paleobiology, 31 (1). pp. 165–182

Lücking R, Huhndorf S, Pfister DH, Plata ER, Lumbsch HT (2009) Fungi evolved right on track. Mycologia, 101 (6). pp. 810–822

Chang ST, Miles PG (1992) *Mushroom biology: a new discipline.* Mycologist, 6. pp. 64–65

Cramer H-H (2007) *Ernten machen Geschichten.* AgroConzept Verlagsgesellschaft, Bonn, pp. 1–199

Griffin DH (1994) *Fungal Physiology.* Sec. Ed. Wiley-Liss, New-York, pp. 1–458

© Springer-Verlag GmbH Deutschland 2018
J.I. Lelley, *No fungi no future*,
https://doi.org/10.1007/978-3-662-56507-0

Ebbinghaus J (1863) *Die Pilze und Schwämme Deutschlands. Mit besonderer Rücksicht auf die Anwendbarkeit als Nahrungs- und Heilmittel sowie auf die Nachtheile derselben.* Wilhelm Baensch, Leipzig, pp. 1–112

Rätsch Ch (2010) *Pilze und Menschen.* AT, Aarau, pp. 1–223

Pilze für die Welt

Ainsworth CC (1976) *Introduction to the History of Mycology.* Cambridge University Press, Cambridge, pp. 1–359

Block SS, Tsao G, Han L (1960) *Experiments in the Cultivation of Pleurotus ostreatus.* Mushroom Science, Vol. 4/1, pp. 309–325

Chiroro CK (2004) *Poverty Alleviation by Mushroom Growing in Zimbabwe.* Mushroom Growers' Handbook 1, Oyster Mushroom Cultivation. Mushroom World, pp. 21–26

Cotter T (2014) *Organic Mushroom Farming and Mycoremediation.* Chelsea Green, White River Junction, Vermont, pp. 1–382

Dill I, Kraepelin G (1986) *Palo podrigo: Model for extensive delignification of wood by Ganoderma applanatum.* Appl. Environ. Microbiol. 52. pp. 1305–1312

Dörfelt H, Heklau H (1998) *Die Geschichte der Mykologie.* Einhorn, Schwäbisch Gmünd, pp. 1–573

Flick M (1982) *Biologie und Biotechnologie der Substratfermentation beim Austernpilz (Pleurotus sp.).* Mitteilungen der Versuchsanstalt für Pilzanbau der Landwirtschaftskammer Rheinland Krefeld-Großhüttenhof. Sonderheft 2, pp. 1–99

Hunte W, Grabbe K (1989) *Champignonanbau.* 8. Aufl. Paul Parey, Berlin und Hamburg, pp. 1–372

Kreß M (1991) *Untersuchungen über die Konservierungsmöglichkeiten des Austernpilzes (Pleurotus sp.) durch Milchsäuregärung.* Mitteilungen der Versuchsanstalt für Pilzanbau der Landwirtschaftskammer Rheinland Krefeld-Großhüttenhof. Sonderheft 10, pp. 1–225

Lelley J (1985) *Pilze aus dem eigenen Garten.* 3. Aufl. BLV Verlagsgesellschaft, München, pp. 1–143.

Schmidt EW (2009) *Anbau von Speisepilzen.* Eugen Ulmer, Stuttgart, pp. 1–236.

Oei P (2016) *Mushroom Cultivation IV.* ECO Consult Foundation, Amsterdam, pp. 1–503

Lelley J (1991) *Pilzanbau, Biotechnologie der Kulturspeisepilze.* 2. Aufl. Eugen Ulmer, Stuttgart, pp. 1–404

Lüder R (2007) *Grundkurs Pilzbestimmung.* Quelle und Meyer, Weibelsheim, pp. 1–470

Mandrysch KM (2010) *Macromycetes as a food source in developing countries. Food production through bioconversion.* Diplomarbeit, Landw. Fakultät, Friedrich-Wilhelms-Universität, Bonn, pp. 1–61

Mushroom Growers' Handbook No. 1 (2004) *Oyster Mushroom Cultivation.* Mush. World, Seoul, pp. 1–298

Mushroom Growers' Handbook No. 2 (2005) Shiitake Cultivation. Mush. World, Seoul, pp. 1–349

Schies U (1991) *Untersuchungen zur semianaeroben Fermentation als Substratgrundlage für die Kultivierung von Austernpilzen (Pleurotus spp.).* Mitteilungen der Versuchsanstalt für Pilzanbau der Landwirtschaftskammer Rheinland Krefeld-Großhüttenhof. Sonderheft 11, pp. 1–164

http://www.welthungerhilfe.de/simbabwe-moderne-anbaumethoden.html

http://www.faz.net/aktuell/gesellschaft/rapides-bevoelkerungswachstum-in-afrika-wird-es-eng-13725733.html

http://www.factfish.com/statistic/mushrooms%20and%20
   truffles,%20production%20quantity
http://www.fao.org/docrep/004/AB497E/ab497e02.htm#bm2.3
http://www.fao.org/faostat/en/#data/QC
https://de.wikipedia.org/wiki/Eichen-Wirrling

Wer Pilze isst lebt länger

Andersen G, Soyka A (2011) *Lebensmitteltabelle für die Praxis.*
   (Der kleine Souci, Fachmann, Kraut) 5. Aufl. Wissenschaftli-
   che Verlagsgesellschaft, Stuttgart, pp. 1–483
Berg B, Lelley JI (2013) *Apotheke der Heilpilze.* Naturaviva, Weil
   der Stadt, pp. 1–216
Berg B, Lelley JI (2016) *Compendium of Mycotherapy.* Begell
   House, New-York, pp. 1–172
Bíró Gy, Lindner K (1995) *Tápanyagtáblázat.* Medicina RT,
   Budapest
Byerrum RU, Clarke DA, Lucas EH, Ringler RL, Stevens JA,
   Stock CC (1957) *Tumor inhibitors in Boletus edulis and other
   Holobasidiomycetes.* 7/1, pp. 1–4
Chang ST, Wasser SP (2017) *The Cultivation and Environmental
   Impact of Mushrooms.* Oxford Research Encyclopedia of Envi-
   ronmental Science. Oxford University Press, pp. 1–43
Cheung PCK (2008) *Mushrooms as Functional Foods.* Wiley &
   Sons, Hoboken, pp. 1–259
Elmadfa I, Aign W, Fritzsche D (2000) *GU Kompass Nährwerte,*
   Gräfe und Unzer, München
Kappl A (2007) *Gesund mit Medizinalpflanzen.* Gesund ± Vital,
   Regensburg, pp. 1–192
Cohen N, Cohen J, Asatiani MD, Varshney VK, Yu HT, Yang
   YC, Li YH, Mau JL, Wasser SP (2014) *Chemical composi-
   tion and nutritional and medicinal value of fruit bodies and*

submerged cultured mycelia of culinary-medicinal higher Basidiomycetes mushrooms. Int. Journal Medicinal Mushrooms. 16/3, pp. 273–91

Fleckinger A (2014) *Ötzi, der Mann aus dem Eis.* Folio Wien, Bozen, pp. 1–120

Guthmann J (2017) *Heilende Pilze.* Quelle & Mayer, Wiebelsheim, pp. 1–421

Hobbs Ch (1995) *Medicinal Mushrooms.* 2nd Ed. Botanica Press, Santa Cruz, pp. 1–252

Kalač P (2016) *Edible Mushrooms,* Chemical Composition and Nutritional Value. Academic Press, London, pp. 1–207

Lelley, JI (2008) *Die Heilkraft der Pilze, wer Pilze isst lebt länger.* 4. Aufl. B.O.S.S. Druck und Medien, Goch, pp. 1–259

Lelley JI, Vetter J (2004) *Orthomolecular Medicine and Mushroom Consumption – An Attractive Aspect for Promotion Production.* Mushroom Science 16, pp. 637–643.

Liu B, Bau Y (1980) *Fungi Pharmacopoeia (Sinica).* Kinoko Comp. Oakland, pp. 1–295

Lucas EH, Byerrum RU, Clarce DA, Reilly HC, Stevens JA, Stock CC (1959) *Production of oncostatic principles in vivo and in vitro by species of the genus Calvatia.* Antibiotics Annual 6, pp. 493–496

Maixner, F. et al., Zink, A. (2016) *The 5300-year-old Helicobacter pylori genome of the Iceman.* Science, 351 (6269), pp. 162–165

Mattila P et al. (2001) *Contens of Vitamins, Mineral Elements and some Phenolic Compounds in Cultivated Mushrooms.* Journal Agric. Food Chem. 49, pp. 2343–2348

Schneidewin DFG (1862) *M. Val. Martialis Epigrammaton.* Vol. 2, Grimae Impensis I. M. Gebhardt, pp. 321–728

Serwas H (2007) *Heilen mit dem Mandelpilz.* Books on Demand, Norderstedt, pp. 1–104

SGS Institut Fresenius GmbH (2007) *Prüfberichte*, GAMU GmbH, Krefeld

Wasser SP (2010) *Medicinal Mushroom Science: History, Current Status, Future Trends, and Unsolved Problems*. Int. Journal Medicinal Mushrooms. 12/1, pp. 1–16

Wasser SP (2014) *Medicinal Mushroom Science: Current Perspectives, Advances, Evidences, and Challenges*. Biomedical Journal. 37/6, pp. 345–356

Wasser SP (2017) *Medicinal Mushrooms in Human Clinical Studies. Part I. Anticancer, Oncoimmunological, and Immunomodulatory Activities: A Review*. Int. Journal Medicinal Mushrooms, 19/4, pp. 279–317

https://www.pri.org/stories/2009-11-25/behold-worlds-10-fattest-countries?page=0%2C0

Auch Tiere mögen Pilze

Falck R (1902) *Die Cultur der Oidien und ihre Rückführung in die höhere Fruchtform bei den Basidiomyceten*. Dissertation, Universität Breslau

González A, Gringbergs J, Griva E (1986) *Biologische Umwandlung von Holz in Rinderfutter – „Palo podrido"*. Zentralblatt für Mikrobiologie. 141/3, pp. 181–186

Heltay I, Petöfi S (1965) *Mycofutter*. Mushroom Science VII, pp. 287–296

Hüttermann A, Majcherczyk A (2007) *Conversion of Biomass to Fodder for Ruminants or: How to get Wood Edible?* In: Kües U (ed.) Wood Production, Wood Technology, and Biotechnological Impacts. Universitätsverlag Göttingen, pp. 537–554

Lebzien P, Wiesche C, Flachowsky G, Zadražil F (2003) *Zum Potential höherer Pilze bei der Umwandlung von Getreidestroh in Futter- und Lebensmittel.* Landbauforschung Völkenrode, Sonderheft 258, pp. 51–53

Singe RP, Garcha HS, Khanna PK (1989) *Study of Laccase Enzyme in Degradation of Lignocellulosics.* Mushroom Science XII/II, pp. 35–47

Zadražil F (1978) *Umwandlung von Pflanzenabfällen in Tierfutter durch höhere Pilze.* Mushroom Science X/I, pp. 231–241

Zadražil F, Ginbergs J, González A (1982) *"Palo podrido" – Decomposed wood used as feed.* European Journal of Applied Microbiology and Biotechnology. 15/3, pp. 167–171

Pilze Lebenspartner der Bäume

Becker A, Irle A, Lelley JI, Wolfsperger H (2011) *Die Bärenwaldeiche bei Niederholzklau.* Siegerländer Heimat- und Geschichtsverein e. V., Siegen, pp. 1–95

Egli S, Brunner I (2011) *Mykorrhiza, eine faszinierende Lebensgemeinschaft im Wald. Merkblatt für die Praxis,* Eidg. Forschungsanstalt WSL. 35, pp 1–8

Feustel FH (1977) *Welt der Pilze.* Hess. Landesmuseum, Darmtadt

Flick M (1984) *Die Mykorrhiza und ihre Entwicklung unter dem Einfluss verschiedener Umweltfaktoren.* Mitteilungen der Versuchsanstalt für Pilzanbau der Landwirtschaftskammer Rheinland. Heft 7, pp. 67–91

Frank B (1885) *Ueber die auf Wurzelsymbiose beruhende Ernährung gewisser Bäume durch unterirdische Pilze.* Bericht der Dt. Botanischen Ges. III, pp. 128–145

Hall I, Brown GT, Byars J, Dimas N (1994) *The Black Truffle, its History, Uses and Cultivation.* New Zealand Institute for Crop and Food Research, pp. 1–107

Kutscheidt J (1994) *Untersuchungen zur Beteiligung von Hallimascharten (Armillaria spp.) bei der Entstehung von Forstschäden sowie waldbauliche Maßnahmen der Schadensabwehr.* Mitteilungen der Versuchsanstalt für Pilzanbau der Landwirtschafskammer Rheinland, Sonderheft 14, pp. 1–181

Lelley JI, Schmitz D (1994) *Die Mykorrhiza, Lebensgemeinschaft zwischen Pflanzen und Pilzen.* Selbstverlag, Krefeld, pp. 1–62

Schmitz D (1987) *Untersuchungen zur Mykorrhizasynthese mit verschiedenen Pilz- und Baumarten im Hinblick auf den praktischen Einsatz im Forst.* Mitteilungen der Versuchsanstalt für Pilzanbau der Landwirtschafskammer Rheinland, Sonderheft 6, pp. 1–143

Smith SE, Read D (2009) *Mycorrhizal Symbiosis.* 3rd ed. Elsevier, Amsterdam, pp. 1–787

Willenborg A (1987) *In-vitro-Untersuchungen zum Verhalten verschiedener in Kultur genommener Mykorrhizapilze gegenüber biotischen und abiotischen Faktoren unter besonderer Berücksichtigung der neuartigen Waldschäden.* Mitteilungen der Versuchsanstalt für Pilzanbau der Landwirtschafskammer Rheinland, Sonderheft 5, pp. 1–259

Witzany G (ed) (2012) *Biocommunication of Fungi.* Springer, Heidelberg, pp. 1–343

Wüstenhöfer B (1989) *Untersuchungen zur Vitalisierung und Revitalisierung erkrankter Fichtenbestände durch Mykorrhizaimpfung.* Mitteilungen der Versuchsanstalt für Pilzanbau der Landwirtschafskammer Rheinland, Sonderheft 8, pp. 1–170

http://www.geo.de/natur/oekologie/4067-rtkl-weltspiel-wie-die-welt-bewaldet-ist

http://www.sdw.de/bedrohter-wald/wald-weltweit/index.html

Pilze als Problemlöser

Àrvay J, Tomás J et al (2014) *Contamination of wild-grown edible mushrooms by heavy metals in a former mercury mining area.* J. Environ. Sc. Health B. 49/11, pp. 815–827

Agrotechnological Research Institute (ed) (2002) *Astronauts on Mars expedition will have to grow their own food.* Universität Wageningen

Campenhausen J (1998) *TNT vergiftet den Boden auf vielen Militärstandorten in Deutschland.* http://www.berliner-zeitung.de/tnt-vergiftet-den-boden-auf-vielen-mi...

Damodaran D et al (2011) *Mushrooms in the Remediation of Heavy Metals from Soil.* Int. J. Environmental Pollution Controll & Management. 3/1, pp. 89–101.

Damodrana D et al (2014) *Uptake of certain heavy metals from contaminated soil by mushroom Galerina vittiformis.* Ecotoxicology and Environmental Safety. 104, pp. 414–422

Kapahi M, Sachdeva S (2017) *Mycoremediation potential of Pleurotus species for heavy metals: a review.* Bioresours Bioprocess https://doi.org/10.1186/s40643-017-0162-8.

Kulshreshtha S et al (2014) *Mushroom as product and their role in mycoremediation.* AMB Express, https://doi.org/10.1186/s13568-014-0029-8.

Long Y et al (2015) *Treatment of metal wastewater in plot-scale packed bed system: efficiency of single- vs. mixed-mushrooms.* RSC Advances. 37, pp. 29145–29152

Margesin R, Schneider H, Schinner F (1995) *Praxis der mikrobiologischen Bodensanierung.* Springer Berlin, Heidelberg, New York pp. 1–212

Patent DE19617283A1 (1997) *Verfahren zum Abbau von Chinolonen und Naphthyridonen*

Patent DE19907167A1 (2000) *Verfahren zur Bodensanierung*

Patent DE3731816C1 (1988) *Verfahren zum Abbau schwer abbaubarer Aromaten in kontaminierten Böden bzw. Deponiestoffen mit Mikroorganismen*

Patent DE3807033A1 (1989) *Verfahren zur Dekontaminierung von sauerstoffhaltigen Gasen, insbesondere von Abgasen*

Patent DE4104626A1 (1992) *Verfahren zur Entfernung von organischen Schadstoffen aus gasförmigen Stoffen mit Hilfe von Lignin abbauenden Mikroorganismen*

Patent DE4111121A1 (1992) *Verfahren zur Dekontaminierung von mit Xenobiotika belasteten Böden, Schlämmen und/oder anderen Feststoffen*

Patent DR4314352A1 (1994) *Verfahren zum Abbau ringförmiger kohlenstoffhaltiger Verbindungen*

Pilze gegen verstrahlte Böden (2016) http://www.bionity.com/de/news/150140/

Schies U (1994) *Der Einsatz von Weißfäulepilzen bei der on/off-site-Sanierung.* In: Alef K (ed) Biologische Bodensanierung, ein Methodenbuch. VCH, Weinheim, pp. 195–202

Stamets P (2005) *Mycelium Running. How Mushrooms Can Help Save the Wold.* Ten Speed Press, Berkeley Toronto, pp. 1–329

Suseem SR, Saral MA (2014) *Biosorption of heavy metals using mushroom Pleurotus eous.* Journal Chemical and Pharmaceutical Res. 6/7, pp. 2163–2168

Using Mycelium to Clean Up Diesel-Contaminated Soil in Orleans, California (2016) Fungia Farm Mycoremediation Report

Wang T (2015) *Astromycology, The Fungal Frontier.* Harvard Science Review June 2.

Ward L (2016) *Ryerson students launch mushrooms into space.* CBC News. Posted Jul 28th

http://www.esa.int/ger/ESA_in_your_country/Germany/Schutz_gegen_blinde_Weltraum-Passagiere

http://www.marsdaily.com/reports/Dutch_researcher_says_Earth_food_plants_able_to_grow_on_Mars_999.html

Sachverzeichnis

© Springer-Verlag GmbH Deutschland 2018
J.I. Lelley, *No fungi no future*,
https://doi.org/10.1007/978-3-662-56507-0

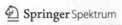

Printed in the United States
By Bookmasters